工程施工与质量简明手册丛书

装饰工程

王剑锋　陈树龙　王凌华 ◎ 主编

U0177944

中国建材工业出版社

图书在版编目（CIP）数据

装饰工程/王剑锋，陈树龙，王凌华主编. --北京：
中国建材工业出版社，2020.6
（工程施工与质量简明手册丛书）
ISBN 978-7-5160-2893-3

Ⅰ．①装… Ⅱ．①王… ②陈… ③王… Ⅲ．①建筑装
饰-工程施工-技术手册 Ⅳ．①TU767-62

中国版本图书馆 CIP 数据核字（2020）第 064656 号

装饰工程
Zhuangshi Gongcheng
王剑锋 陈树龙 王凌华 主编

出版发行：中国建材工业出版社
地 址：北京市海淀区三里河路 1 号
邮 编：100044
经 销：全国各地新华书店
印 刷：北京雁林吉兆印刷有限公司
开 本：787mm×1092mm 1/32
印 张：5.625
字 数：120 千字
版 次：2020 年 6 月第 1 版
印 次：2020 年 6 月第 1 次
定 价：**32.00 元**

内 容 简 介

本书根据现行国家标准、行业标准和规范编写，便于装饰工程施工人员随时参考、快速解决实际问题。本书包括地面工程、抹灰工程、外墙防水工程、门窗工程、顶棚工程、轻质隔墙工程、饰面板工程、饰面砖工程、建筑幕墙工程、涂饰工程、裱糊与软包工程、细部工程 12 部分内容。

本书可作为装饰工程施工人员学习参考用书，能为其解决施工现场遇到的具体技术问题，并使其快速评定施工质量。

《工程施工与质量简明手册丛书——装饰工程》
编 委 会

主　　审：何静姿
主　　编：王剑锋　陈树龙　王凌华
副 主 编：朱钱华　张　慧　黄允洪　楼旭兵
　　　　　骆建富
参　　编：马　毅　马巧明　韦俊跃　王海丹
　　　　　卢志宏　卢慧敏　安浩亮　刘旭东
　　　　　孙连弟　余　斌　余国潮　李健聪
　　　　　陈艳妮　陈庆峰　杨加普　张　杰
　　　　　张长庆　吴　龙　沈　旋　季颖俐
　　　　　林　彦　周朝杰　徐　英　章天明
　　　　　楼银松　虞晓磊
　　　　　　　　　　　　（编委按姓氏笔画排序）

编写单位：浙江亚厦装饰股份有限公司
参编单位：浙江亚厦幕墙有限公司
　　　　　浙江百厦建设有限公司
　　　　　义乌润都建设有限公司
　　　　　义乌市市场发展集团有限公司
　　　　　浙江荣佳建筑工程有限公司
　　　　　杭州丰城环境建设有限公司
　　　　　义乌市城市建设发展有限公司

前　言

为及时有效地解决建筑施工现场的实际技术问题，我们策划并组织专家编写了"工程施工与质量简明手册丛书"。本丛书为系列口袋书，内容简明实用，"身形"小巧，便于携带，可随时查阅，使用方便。

丛书共16本，各分册分别为《建筑工程》《安装工程》《装饰工程》《市政工程》《园林工程》《公路工程》《基坑工程》《楼宇智能》《城市轨道交通》《建筑加固》《绿色建筑》《城市轨道交通供电工程》《城市轨道交通弱电工程》《城市管廊》《海绵城市》《管道非开挖（CIPP）工程》。

本丛书中的《装饰工程》根据《建筑工程施工质量验收统一标准》（GB 50300—2013）中建筑装饰装修分部工程规定，并结合装饰工程施工与质量实践编写而成，其中质量验收严格依据《建筑地面工程施工质量验收规范》（GB 50209—2010）和《建筑装饰装修工程质量验收标准》（GB 50210—2018）编制，旨在为装饰工程施工人员提供一本简明实用、方便携带的小型工具书，便于他们在施工现场随时查阅、快速解决实际问题。本书包括地面工程、抹灰工程、外墙防水工程、门窗工程、顶棚工程、轻质隔墙工程、饰面板工程、饰面砖工程、建筑幕墙工程、涂饰工程、裱糊与软包工程、细部工程12部分内容。

对于本书中的疏漏和不当之处，敬请广大读者不吝指正。

编　者
2020.03.01

目　录

1 地 面 工 程

1.1 水泥混凝土垫层施工

1.1.1 施工要点

1. 垫层下为基土时应将表面清理干净,清除虚土、杂物并拍底夯实;垫层下为混凝土结构层时应将粘结在混凝土基层上的浮浆、松动混凝土等用錾子剔除,用钢丝刷去除水泥浆皮,然后用扫帚扫净。

2. 根据标高控制线,量测出垫层标高,在四周墙、柱上弹出标高控制线。

3. 铺设混凝土前先在基层上洒水湿润,刷一道聚合物水泥浆(水灰比为 0.4~0.5),随刷随铺混凝土。铺设应从一端开始,由内向外退着操作,或由短边开始沿长边方向进行铺设。

4. 大面积的水泥混凝土垫层,应设置纵向缩缝和横向缩缝,纵向缩缝间距不得大于 6m,横向缩缝不得大于 12m;大面积水泥混凝土垫层应分区段浇筑。

1.1.2 质量要点

1. 管线密集或垫层厚度较薄时,应铺设钢板网(镀锌钢丝网),防止在管道部位产生裂缝。

2. 当室内首层地面垫层遇暖沟时,应在与暖沟交接处的混凝土垫层内沿暖沟纵向布置 $\Phi6$ 的钢筋网(网宽不小于

600mm)，以防止产生裂缝。

1.1.3 质量验收

1. 主控项目

（1）水泥混凝土垫层采用的粗骨料，其最大粒径不应大于垫层厚度的 2/3，含泥量不应大于 3％；砂为中粗砂，含泥量不应大于 3％。

（2）水泥混凝土的强度等级应符合设计要求。

2. 一般项目

水泥混凝土垫层表面的允许偏差和检验方法见表 1-1。

表 1-1　水泥混凝土垫层表面的允许偏差和检验方法

项次	项目	允许偏差	检验方法
1	表面平整度	10mm	用 2m 靠尺和楔形塞尺检查
2	标高	±10mm	用水准仪检查
3	坡度	不大于房间相应尺寸的 2/1000，且不大于 30mm	用坡度尺检查
4	厚度	在个别地方不大于设计厚度的 1/10，且不大于 20mm	用钢尺检查

1.1.4 安全与环保措施

1. 现场应使用预拌混凝土。当有零星混凝土搅拌时，混凝土搅拌机械应符合《建筑机械使用安全技术规程》（JGJ 33—2012）及《施工现场临时用电安全技术规范》（JGJ 46—2005）的有关规定，施工中应定期对其进行检查、维修，保证机械使用安全。

2. 合理安排工序，提高各种机械的使用率和满载率，对工程浇筑剩余的预拌混凝土应妥善再利用，严禁随意丢弃。

3. 落地混凝土应在初凝前及时回收，回收的混凝土不得夹有杂物，并应及时运至拌和地点，掺入新混凝土中拌和使用。

4. 施工现场场界噪声进行检测和记录，噪声排放不得超过国家标准。施工场地的强噪声设备宜设置在远离居民区的一侧，可采取对强噪声设备进行封闭等降低噪声措施。

5. 施工现场大门口应设置冲洗车辆设备，出场时必须将车辆清理干净，不得将泥沙带出现场。对施工现场及运输的易飞扬、细颗粒散体材料进行密闭存放。

6. 施工现场生产、生活用水应使用节水型水器具，在水源处应设置明显的节约用水标识。施工现场应充分利用雨水资源，设置沉淀池、废水回收等设施。

7. 施工作业应避免夜间施工，必要时，应合理调整灯光照射方向，在保证现场施工作业面有足够光照的条件下，减少对周围居民生活的干扰。

1.2 找平层施工

1.2.1 施工要点

1. 对水泥类基层，其抗压强度不应小于 1.2MPa；将基层清洗干净；对光面进行毛化处理。

2. 对土、灰土、砂石类基层，其压实系数应符合设计要求。

3. 在预制钢筋混凝土板或空心板上铺设找平层时，对两间以上的大开间，在其支座处按设计要求做防裂的构造措施。

4. 按标高控制点、线，根据设计找平层厚度，在墙上弹出找平层上皮标高；以找平层的上标高控制线为基准，用与找平层配比相同的砂浆或混凝土做灰饼，控制面层标高，有排水要求的房间，应按设计要求的坡度找坡。

5. 砂浆中水泥与砂子的体积比或混凝土的强度等级（通过试验确定配比）必须符合设计要求。

1.2.2 质量要点

1. 在保护层施工前涂刷水泥浆稠度要适宜（水灰比一般为 0.4～0.5），涂刷时要均匀、不得漏刷，面积不要过大，随刷随铺，防止空鼓。

2. 有防水要求的建筑地面工程，找平层施工前，应对立管、套管和地漏与楼板节点之间进行密封处理。

3. 找平层内埋设暗管时，管道应固定牢固，管线密集或找平层厚度较薄时，应铺设钢板网（铅丝网），防止在管道部位产生裂缝。

4. 不同品种、不同强度等级的水泥严禁混用，砂子严禁用细砂，砂浆或混凝土的配比应准确，并搅拌均匀。

5. 找平层施工时，其分割缝和纵、横向缩缝的留设嵌缝材料应与垫层相一致，防止因垫层变形使找平层产生裂缝。

1.2.3 质量验收

1. 主控项目

（1）找平层采用碎石或卵石的粒径不应大于其厚度的 2/3，含泥量不应大于 2%；砂为中粗砂，其含砂率不应大于 3%。

（2）水泥砂浆体积比、水泥混凝土强度等级应符合设计要求，且水泥砂浆体积比不应小于 1：3（或相应强度等级)；水泥混凝土强度等级不应小于 C15。

（3）有防水要求的建筑地面工程的立管、套管、地漏处不应渗漏，坡向应正确、无积水。

（4）在有防静电要求的整体面层的找平层施工前，其下敷设的导电地网系统应与接地引下线和地下线电体有可靠连接，经电性能检测且符合相关要求后进行隐蔽工程验收。

2.一般项目

（1）找平层与其下一层结合牢固，不应有空鼓。

（2）找平层表面应密实，不应有起砂、蜂窝和裂缝等缺陷。

（3）找平层的表面允许偏差和检验方法见表 1-2。

表 1-2　找平层的表面允许偏差和检验方法

项次	项目	允许偏差				检验方法
		用胶结料做结合层铺设板块面层	用水泥砂浆做结合层铺设板块面层	用胶粘剂做结合层铺设拼花木板、浸渍纸层压木质地板、实木复合地板、竹地板、软木地板面层	金属板面层	
1	表面平整度	3mm	5mm	2mm	3mm	用 2m 靠尺和楔形塞尺检查
2	标高	±5mm	±8mm	±4mm	±4mm	用水准仪检查
3	坡度	不大于房间相应尺寸的 2/1000，且不大于 30mm				用坡度尺检查
4	厚度	在个别地方不大于设计厚度的 1/10，且不大于 20mm				用钢尺检查

1.2.4 安全与环保措施

1. 现场应使用预拌砂浆或预拌混凝土。当有零星砂浆或混凝土搅拌时，混凝土及砂浆搅拌机械应符合《建筑机械使用安全技术规程》（JGJ 33—2012）及《施工现场临时用电安全技术规范》（JGJ 46—2012）的有关规定，施工中应定期对其进行检查、维修，保证机械使用安全。

2. 合理安排工序，提高各种机械的使用率和满载率，对工程浇筑剩余的预拌混凝土或砂浆进行妥善再利用，严禁随意丢弃。

3. 落地砂浆、混凝土应在初凝前及时回收，回收的砂浆、混凝土不得夹有杂物，并应及时运至拌和地点，掺入新砂浆、混凝土中拌和使用。

4. 施工现场场界噪声进行检测和记录，噪声排放不得超过国家标准。施工场地的强噪声设备宜设置在远离居民区的一侧，可采取对强噪声设备进行封闭等降低噪声措施。

5. 施工现场大门口应设置冲洗车辆设备，出场时必须将车辆清理干净，不得将泥沙带出现场。对施工现场及运输的易飞扬、细颗粒散体材料进行密闭存放。

6. 施工现场生产、生活用水应使用节水型水器具，在水源处应设置明显的节约用水标识，施工现场应充分利用雨水资源，设置沉淀池、废水回收等设施。

7. 施工作业应避免夜间施工，必要时，应合理调整灯光照射方向，在保证现场施工作业面有足够光照的条件下，减少对周围居民生活的干扰。

1.3　聚氨酯涂膜防水层施工

1.3.1　施工要点

1. 基层表面应平整，凹陷处用1∶3水泥砂浆修补；并将基层表面的尘土、砂粒、残留的砂浆、硬块等杂物剔凿清理干净，再用干净的湿布擦一遍；涂膜防水层施工前，基层应干燥，含水率不大于9%。

2. 管根周围应预留20mm×20mm的凹槽，基层清理干净后，将各种管根处预留的凹槽用嵌缝膏嵌平封严。

3. 涂膜防水层施工时分三道涂刷，24h固化至不粘手时，方可进行下一道涂层。

4. 为增强涂膜防水层与水泥砂浆保护层的粘结力，应在第三道涂膜未固化时，在涂层表面均匀撒少量干净的粗砂，为抹水泥砂浆保护层创造条件。

5. 最后一道涂膜防水层完全固化后，进行蓄水试验，保护层完工后进行第二次蓄水试验，两次蓄水试验蓄水均观察24h无渗漏为合格。

1.3.2　质量要点

1. 施工时应严格控制找平层的含水率，并认真清理基层，每道涂刷应认真操作，使其粘结牢固，防止涂膜空鼓、气泡。

2. 认真做好管根、地漏、卫生洁具等部位的细部构造、附加层施工，防止渗漏。

3. 防水层施工前应检查找平层的坡度和地漏的标高，防止出现倒泛水和积水现象。

4. 防水层施工完后，严禁剔凿打洞，若防水层有损坏应及时修补，以防渗漏。

1.3.3 质量验收

1. 主控项目

（1）聚氨酯防水材料及胎体材料的技术性能必须符合设计要求和国家现行有关标准的规定。

（2）涂膜防水层在管根、地漏、阴角等处的细部做法应符合设计要求，不得有积水和渗漏现象，防水层卷起高度应符合设计要求。

（3）涂膜防水层涂刷平均厚度应满足设计要求。

（4）找平层含水率低于9%，并经检查合格后，方可进行防水层施工。

2. 一般项目

（1）涂膜防水层的基层应牢固，表面洁净、平整，不得有空鼓、松动、起砂和脱皮现象，阴阳角处应做成圆弧形或钝角。

（2）防水附加层的涂刷方法、搭接、收头应符合要求，粘贴牢固，无空鼓、损伤等缺陷。

（3）涂膜防水层与基层粘结牢固，表面平整，涂刷均匀，不得有流淌、褶皱、鼓泡、露胎体、翘边等缺陷。

（4）涂料防水层的保护层与防水层粘结牢固，结合紧密，厚度均匀一致，收边密封严实。

1.3.4 安全与环保措施

1. 建筑施工的材料采购宜就地取材、就近取材，优先采用施工现场500km以内地区生产的建筑建材。

2. 施工人员应经安全技术交底和安全文明施工教育后才可进入工地施工操作，施工现场应加强安全管理，安排专职安全巡逻员，设置黄沙桶、灭火器等消防设备。施工现场应安排专人洒水、清扫。

3. 施工机械应符合《建筑机械使用安全技术规程》(JGJ 33—2012) 及《施工现场临时用电安全技术规范》(JGJ 46—2012) 的有关规定，施工中应定期对其进行检查、维修，保证机械使用安全。

4. 施工机械设备应建立按时保养、保修、检验制度，应选用高效节能电动机，选用噪声标准较低的施工机械、设备，对机械、设备采取必要的消声、隔振和减振措施。

5. 施工现场进行剔凿、切割、打磨作业时，作业面局部应遮挡、掩盖，操作人员宜戴上口罩、耳塞，防止吸入粉尘和切割噪声，危害人身健康，施工现场设专人洒水清扫，不得有扬尘污染。

6. 作业场所应保持良好的通风，防止气体中毒。在密闭环境作业时，应采取强制通风，并应有专人看护。

7. 当天配置的涂料应当天用完，不得随意涂抹、倾倒，不得焚烧。用完的涂料桶应统一回收，不得随意丢弃。清洗工具的污水应统一处理，不得随意排入地下或市政排水系统。

1.4　聚合物水泥防水涂料防水层施工

1.4.1　施工要点

1. 基层表面应平整，凹陷处用 1∶3 水泥砂浆修补，并将基层表面的尘土、砂粒、残留的砂浆、硬块等杂物剔凿清理干净，基层过于干燥时应淋水湿润，无明水后即可防水层施工。

2. 地漏、管根、阴阳角和出入口等易发生漏水的薄弱部位应增加一层胎体增强材料，胎体增强材料的宽度应不小于 200mm，搭接宽度应不小于 100mm。

3. 涂膜防水层完全固化后，进行蓄水试验，保护层完工后进行第二次蓄水试验，两次蓄水试验蓄水均应观察 24h，无渗漏为合格。

1.4.2 质量要点

1. 聚合物水泥防水涂料配合比要准确，配制好的防水涂料应在 3h 内用完，防止失效。

2. 认真做好管根、地漏、卫生洁具等处细部构造附加层的施工，防止防水层渗漏。

3. 防水层施工前应检查找平层的坡度和地漏的标高，防止出现倒泛水和积水现象。

4. 防水层施工完后，严禁剔凿打洞，若防水层有损坏应及时修补，防止渗漏。

5. 后续卫生器具及其他设备的安装必须有技术措施，如钻孔安装卫生器具，应将孔中灰尘吹净后注入防水涂料，再安装螺栓，不得因安装而破坏防水层。

1.4.3 质量验收

1. 主控项目

（1）聚合物水泥防水涂料及配合比和胎体增强材料的技术性能必须符合设计要求和国家现行有关标准的规定。

（2）涂膜防水层在管根、地漏、阴角等处的细部做法应符合设计要求，不得有积水和渗漏现象，防水层卷起高度应符合设计要求。

（3）涂膜防水层涂刷平均厚度应满足设计要求，厚度不小于 1.5mm 为宜。

2. 一般项目

（1）涂膜防水层的基层应牢固，表面洁净、平整，不得有空鼓、松动、起砂和脱皮现象，阴阳角处应做成圆弧形或钝角。

（2）防水附加层的涂刷方法、搭接、收头应符合要求，粘贴牢固，无空鼓、损伤等缺陷。

（3）涂膜防水层与基层粘结牢固，表面平整，涂刷均匀，不得有流淌、褶皱、鼓泡、露胎体、翘边等缺陷。

（4）涂料防水层的保护层与防水层粘结牢固，结合紧密，厚度均匀一致。

1.4.4　安全与环保措施

安全与环保措施参照 1.3.4 内容。

1.5　自流平面层施工

1.5.1　施工要点

1. 施工前应认真清理基层，基层应无明水，无油渍、浮浆层等残留物；对于旧的平整度不理想的基础应采用局部打磨或整体打磨的方法进行彻底打磨、吸尘；基层表面应平整，用 2m 直尺检查时，其偏差应在 2mm 以内。

2. 根据标高控制线，测出面层标高，并弹在四周墙或柱上。

3. 在已清洁的基层表面均匀地涂刷二道底层涂料进行封底处理，以消除基层表面的空洞和砂眼，增加与面层的结合力，底层涂料的配比按产品说明配置。

4. 冬期施工时，应按冬期施工要求采取保温、防冻措施，作业环境温度不得低于 5℃。

1.5.2　质量要点

1. 基层清理要认真、彻底；铺设底层涂料时厚薄均匀；

避免上下结合不牢，造成面层空鼓、裂缝。

2. 水泥基自流平面层应在潮湿环境中养护，使水泥颗粒充分水化，提高水泥砂浆面层强度；保证足够的养护时间；养护时不得过早上人，避免损伤和破坏面层，出现麻坑。

3. 按操作工艺要求施工，保证抹压扁数，滚压时要按顺序和规律，避免面层不光，有抹纹、气泡等。

1.5.3 质量验收

1. 主控项目

（1）自流平面层的铺涂材料应符合设计要求和国家现行有关标准的规定。

（2）自流平面层的涂料进入施工现场时，应有以下有害物质限量合格的检测报告：

1）水性涂料中的挥发性有机化合物（VOC）和游离甲醛；

2）溶剂型涂料中的苯、甲苯＋二甲苯、挥发性有机化合物（VOC）和游离甲苯二异氰酸酯（TDI）。

（3）自流平面层的基层的强度等级不应小于C20。

（4）自流平面层的各构造层之间应粘结牢固，层与层之间不应出现分离、空鼓现象。

（5）自流平面层的表面不应有开裂、漏涂和倒泛水、积水等现象。

2. 一般项目

（1）自流平面层应分层施工，面层找平施工时不应留有抹痕。

（2）自流平面层表面应光洁，色泽应均匀、一致，不应有起泡、泛砂等现象。

（3）自流平面层的允许偏差应符合本规范表 1-3 的规定。

表 1-3　自流平面层允许偏差和检验方法

项　目	允许偏差（mm）	检验方法
表面平整度	0.5	用 2m 靠尺和楔形塞尺检查
刷纹	无	观察
脱皮、漏刷	无	观察
颜色、光泽	均匀	观察

1.5.4　安全与环保措施

1. 混凝土及砂浆搅拌机械应符合《建筑机械使用安全技术规程》（JGJ 33—2012）及《施工现场临时用电安全技术规范》（JGJ 46—2012）的有关规定，施工中应定期对其进行检查、维修，保证机械使用安全。施工现场宜充分利用太阳能。

2. 合理安排工序，提高各种机械的使用率和满载率，对工程浇筑剩余的预拌混凝土或砂浆进行妥善再利用，严禁随意丢弃。

3. 施工现场场界噪声进行检测和记录，噪声排放不得超过国家标准。施工场地的强噪声设备宜设置在远离居民区的一侧，可采取对强噪声设备进行封闭等降低噪声措施。

4. 施工现场大门口应设置冲洗车辆设备，出场时必须将车辆清理干净，不得将泥沙带出现场。对施工现场及运输的易飞扬、细颗粒散体材料进行密闭存放。

5. 落地砂浆、混凝土应在初凝前及时回收，回收的砂浆、混凝土不得夹有杂物，并应及时运至拌和地点，掺入新砂浆、混凝土中拌和使用。

6. 施工现场生产、生活用水应使用节水型水器具，在水源处应设置明显的节约用水标识，施工现场应充分利用雨水资源，设置沉淀池、废水回收等设施。

7. 施工作业应避免夜间施工，必要时，应合理调整灯光照射方向，在保证现场施工作业面有足够光照的条件下，减少对周围居民生活的干扰。

1.6 环氧磨石面层施工

1.6.1 施工要点

1. 环氧磨石地坪施工前，应对基层进行验收，基层混凝土强度等级不得低于 C25，抗拉强度不得低于 1.5MPa。各构造层间结合应牢固，不得有空鼓。

2. 大面积地坪施工时，应增设必要的中间控制标高点。面层设有复杂图案时，应明确其交界面的控制线。

3. 环氧磨石施工前，应涂刷配套底涂，底涂应按比例配制，拌制均匀，在规定时间内用完，并优化铺设玻纤网格布。

4. 环氧磨石浆料铺摊后应压实压平，达到规定强度后即可进行磨光，经粗磨、中磨、细磨，符合表面标高和平整度后，即行涂刷密封剂。

5. 表层涂层施工前，应保证清洁、无油污，涂层的配比应严格按照产品技术要求，拌制应低速，并在规定时间内用完。

1.6.2 质量要点

1. 施工时，各基层的含水率不得大于 8%。底涂和面涂的施工环境温度宜为 15～30℃，湿度不宜高于 80%。

2. 各涂层、浆料的配比和使用时间应严格按照产品技术要求规定执行。

3. 环氧磨石层在打磨过程中宜增加平整度检测,并按检测结果进行针对性打磨。

4. 墙地交界处等边角区域应采用手提式打磨机进行磨光。

1.6.3 质量验收

1. 主控项目

(1) 环氧磨石地坪找平层材料应符合设计要求。

(2) 环氧磨石地坪面层材料应符合设计要求。

(3) 环氧磨石地坪结构应符合设计要求。

(4) 环氧磨石地坪图案位置应符合设计要求。

(5) 环氧磨石地坪图案造型应符合设计要求。

(6) 表层与下层粘结强度不得小于 2.5MPa。

(7) 表面层抗滑性钟摆测试值(PTV)不得小于 40(干、湿状态下)。

(8) 表面层抗压强度不得小于 55MPa。

(9) 表面层抗弯强度不得小于 20MPa。

(10) 表面层抗拉强度不得小于 10MPa。

(11) 表面防火性达到火焰表面蔓延度 2 级。

2. 一般项目

(1) 表面应光滑,无明显裂缝、砂眼和磨纹。

(2) 表面层硬度(肖氏硬度)不小于 75MPa。

(3) 表面耐热度应满足 60℃持续高温。

(4) 表面耐磨性满足失重 70～90mg。

1.6.4 安全与环保措施

1. 环氧磨石地坪所使用的材料应就近选取。优先选用天然石材、金属、玻璃、合成材料或其他装饰性材料的废弃料作为骨料。施工现场 500km 以内生产的建筑材料重量占建筑材料总重量的比率不宜低于 60%。

2. 施工中应采用节能、高效、环保的施工设备和机具。

3. 安排施工工艺时，宜优先考虑耗用电能的或其他能耗较少的施工工艺。

4. 施工过程中，应采取降尘、抑尘措施，打磨产生的废浆废水应经处理后再行排放。

5. 现场噪声排放不得超过国家标准《建筑施工场界环境噪声排放标准》(GB 12523) 的规定。

1.7 地砖面层施工

1.7.1 施工要点

1. 先把基层上的浮浆、落地灰、杂物等用錾子剔除掉，再用钢丝刷、扫帚将浮土清理干净。

2. 当找平层强度达到 1.2MPa 时，根据控制线和地砖面层设计标高，在四周墙面和柱面上弹出面层上皮标高控制线；在基层地面弹出十字控制线和分格线。

3. 根据施工大样图进行试铺，试铺无误后进行正式铺贴，密缝铺贴时，缝宽不大于 1mm。

4. 铺砖采用干硬性砂浆，其配比一般为 1:2.5～1:3.0（水泥:砂）；将砖放置在干硬性水泥砂浆上，用橡皮锤将砖敲平后揭起，在干硬性水泥砂浆上浇适量素水泥浆，同时在砖背面挂专用粘结膏，再将砖重新铺放在干硬性水泥砂浆上，用橡皮锤按标高控制线敲压平整，然后向四周铺设。

5. 在卫生间等有用水要求的地砖地面，地漏宜位于整砖中间，并将地砖切割成形状相同的四块，做出泛水。

1.7.2 质量要点

1. 基层要确保清理干净，洒水湿润到位，保证与面层的粘结力；刷浆要到位，并做到随刷随抹灰；铺贴后及时遮盖、养护，避免因水泥砂浆与基层结合不好而造成面层空鼓。

2. 踢脚板面砖粘贴前应检查墙面的平整度，并应弹出水平控制线，铺贴时拉通线，以保证踢脚板面砖上口平直、出墙厚度一致。

3. 勾缝所用的材料颜色应与地砖颜色一致，防止色泽不均，影响美观。

1.7.3 质量验收

1. 主控项目

（1）砖面层所用板块产品应符合设计要求和国家现行有关标准的规定。

（2）砖面层所用板块产品进入施工现场时，应有放射性限量合格的检测报告。

（3）面层与下一层的结合（粘结）应牢固，无空鼓（单块砖边角允许有局部空鼓，但每自然间或标准间的空鼓砖不应超过总数的 5%）。

2. 一般项目

（1）砖面层的表面应洁净、图案清晰，色泽应一致，接缝应平整，深浅应一致，周边应顺直，板块应无裂纹、掉角和缺楞等缺陷。

（2）面层邻接处的镶边用料及尺寸应符合设计要求，边角应整齐、光滑。

（3）踢脚线表面应洁净，与柱、墙面的结合应牢固。踢脚线高度及出柱、墙厚度应符合设计要求，且均匀一致。

（4）楼梯、台阶踏步的宽度、高度应符合设计要求。踏步板块的缝隙宽度应一致；楼层梯段相邻踏步高度差不应大于 10mm；每踏步两端宽度差不应大于 10mm，旋转楼梯梯段的每踏步两端宽度的允许偏差不应大于 5mm。踏步面层应做防滑处理，齿角应整齐，防滑条应顺直、牢固。

（5）面层表面的坡度应符合设计要求，不倒泛水、无积水；与地漏、管道结合处应严密牢固，无渗漏。

（6）砖面层的允许偏差应符合本规范表 1-4 的规定。

表 1-4　砖面层的允许偏差及检验方法

项次	项目	允许偏差（mm）				检验方法
		陶瓷锦砖	缸砖	陶瓷地砖	水泥花砖	
1	表面平整度	2.0	4.0	2.0	3.0	用 2m 靠尺和塞尺检查
2	缝格平直	3.0	3.0	3.0	3.0	拉 5m 线和用钢直尺检查
3	接缝高低差	0.5	1.5	0.5	0.5	用钢直尺和塞尺检查
4	踢脚上口平直	3.0	4.0	3.0	—	拉 5m 线和用钢直尺检查
5	板块间隙宽度	2.0	2.0	2.0	2.0	用钢直尺检查

1.7.4　安全与环保措施

1. 施工机械应符合《建筑机械使用安全技术规程》（JGJ 33—2012）及《施工现场临时用电安全技术规范》（JGJ 46—2005）的有关规定。

2. 施工中应定期对其进行检查、维修，保证机械使用安全。施工机械设备应建立按时保养、保修、检验制度，应选用高效节能电动机，选用噪声标准较低的施工机械、设备，对机械、设备采取必要的消声、隔振和减振措施。施工现场宜充分利用太阳能。

3. 施工现场进行剔凿，砖、石材切割作业时，作业面局部应遮挡、掩盖或采取水淋等降尘措施。

4. 施工现场生产、生活用水应使用节水型生活用水器具，在水源处应设置明显的节约用水标识。施工现场应充分利用雨水资源，设置沉淀池、废水回收设施。

5. 建筑施工的材料采购宜就地取材、就近取材，优先采用施工现场 500km 以内地区生产的建筑建材。

6. 施工现场场界噪声进行检测和记录，噪声排放不得超过国家标准。施工场地的强噪声设备宜设置在远离居民区的一侧，可采取对强噪声设备进行封闭等降低噪声措施。

7. 施工现场应建立封闭式垃圾站，并对建筑垃圾按不可再利用垃圾与可再利用垃圾进行分类存放，对可循环利用的建筑垃圾进行再分类，建立相应的项目部台账。

1.8　大理石、花岗岩面层施工

1.8.1　施工要点

1. 将地面垫层上的杂物及油污清理干净，用钢丝刷刷掉粘结在垫层上的砂浆，并清扫干净，对于弹线后地面高低差较大的地方，高处需剔除，低处用水砂浆或豆石混凝土补平。

2. 在房间内弹十字控制线，以检查和控制石材板块的位置，控制线弹在混凝土垫层上，并引至墙面根部，然后依据墙面标高控制线找出面层标高，在墙上弹出水平标高线，要注意室内与楼道面层标高一致。

3. 根据施工大样图进行试铺，试铺无误后进行正式铺贴；将挑选好的石材六面均刷石材防护剂封闭，如二次开孔或切边应补刷防护剂。

1.8.2 质量要点

1. 铺砌石材时，基层必须清理干净，洒水湿润，结合层砂浆不得随意加水，做到随铺随刷水泥浆，严格遵守操作工艺，防止板面产生空鼓。

2. 镶贴踢脚板时，应拉通线，防止踢脚板不顺直，出墙厚度不一致。

3. 板块材料应重视包装、储存、装卸，搬运时应轻拿轻放，防止损坏。宜光面相对，直立堆放，其倾斜度不宜大于 75°。

4. 石材背面有网格布时，应在铺贴前铲除背网并及时加刷防护剂。

1.8.3 质量验收

1. 主控项目

(1) 大理石、花岗石面层所用板块产品应符合设计要求和国家现行有关标准的规定。

(2) 大理石、花岗石面层所用板块产品进入施工现场时，应有放射性限量合格的检测报告。

(3) 面层与下一层应结合牢固，无空鼓（单块块边角允许有局部空鼓，但每间自然间或标准间的空鼓板块不应超过总数的 5%）。

2. 一般项目

(1) 大理石、花岗石面层铺设前，板块的背面和侧面应进行防碱处理。

(2) 大理石、花岗石面层的表面应洁净、平整、无磨痕，且应图案清晰，色泽一致，接缝均匀，周边顺直，镶嵌正确，板块应无裂纹、掉角、缺棱等缺陷。

（3）踢脚线表面应洁净，与柱、墙面的结合应牢固。踢脚线高度及出柱、墙厚度应符合设计要求，且均匀一致。

（4）楼梯、台阶踏步的宽度、高度应符合设计要求。踏步板块的缝隙宽度一致；楼层梯段相邻踏步高度差不应大于10mm；每踏步两端宽度差不应大于10mm，旋转楼梯梯段的每踏步两端宽度的允许偏差不应大于5mm。踏步面层应做防滑处理，齿角应整齐，防滑条应顺直、牢固。

（5）面层表面的坡度应符合设计要求，不倒泛水、无积水；与地漏、管道结合处应严密牢固，无渗漏。

（6）大理石面层和花岗石面层（或碎拼大理石面层、碎拼花岗石面层）的允许偏差应符合本规范表1-5的规定。

表1-5 大理石和花岗石面层（或碎拼大理石、
碎拼花岗石）的允许偏差

项次	项目	允许偏差（mm）	检验方法
1	表面平整度	1.0	用2m靠尺和楔形尺检查
2	缝格平直	2.0	拉5m线和用钢尺检查
3	接缝高低差	0.5	用钢尺和楔形塞尺检查
4	踢脚线上口平直	1.0	拉5m线和用钢尺检查
5	板块间隙宽度不大于	1.0	用钢尺检查

1.8.4 安全与环保措施

1. 施工机械应符合《建筑机械使用安全技术规程》（JGJ 33—2012）及《施工现场临时用电安全技术规范》（JGJ 46—2005）的有关规定。

2. 施工中应定期对其进行检查、维修，保证机械使用安全。施工机械设备应建立按时保养、保修、检验制度，应选用高效节能电动机，选用噪声标准较低的施工机械、设备，对机械、设备采取必要的消声、隔振和减振措施。施工现场宜充分利用太阳能。

3. 施工现场进行剔凿，砖、石材切割作业时，作业面局部应遮挡、掩盖或采取水淋等降尘措施。

4. 施工现场生产、生活用水应使用节水型生活用水器具，在水源处应设置明显的节约用水标识。施工现场应充分利用雨水资源，设置沉淀池、废水回收设施。

5. 建筑施工的材料采购宜就地取材、就近取材，优先采用施工现场 500km 以内地区生产的建筑建材。

6. 施工现场场界噪声进行检测和记录，噪声排放不得超过国家标准。施工场地的强噪声设备宜设置在远离居民区的一侧，可采取对强噪声设备进行封闭等降低噪声措施。

7. 施工现场应建立封闭式垃圾站，并对建筑垃圾按不可再利用垃圾与可再利用垃圾进行分类存放，对可循环利用的建筑垃圾进行再分类，建立相应的项目部台账。

1.9 橡胶面层施工

1.9.1 施工要点

1. 清除基层表面的砂浆、落地灰等杂物，用扫帚打扫干净，若有油污用清洗剂清洗，并用清水冲洗干净。当基层平整度超过 2mm 时，应用腻子分层找平。

2. 在铺贴橡胶板前，应按设计图纸和所弹分格线进行试铺，对不合整块模数的边角处以及立管、插座等节点处，应精心套裁，做到拼缝处的图案、花纹吻合，交接严密。

3. 橡胶面层铺贴前应确定基层干燥洁净、无油脂，含水率一般不大于 9%。

4. 铺贴橡胶面层先用净布将橡胶板背面的灰尘擦干净，同时在橡胶板的背面和基层上均匀刷胶。基层刷胶面积不要过大，随刷随铺。

1.9.2 质量要点

1. 基层处理乳液、乳胶腻子和底胶应按设计配合比配制，并搅拌均匀。

2. 橡胶地面铺设时涂刷胶要均匀，铺贴时擦净板块上的尘土，从一边向另一边慢慢粘压，并做到充分排气，避免造成面层翘曲、空鼓。

3. 刷胶时注意不要太多太厚，胶液外溢应及时擦净，不要把胶粘在板块的上表面，以防地面出现胶痕，影响观感质量。

1.9.3 质量验收

1. 主控项目

（1）橡胶板块的品种、规格、颜色应符合设计要求和国家现行标准的规定，胶粘剂应与之配套。

（2）橡胶板面层与基层粘结应牢固，不翘边，不脱胶，无溢胶，无空鼓，无损伤和滑移等缺陷。

2. 一般项目

（1）橡胶板面层应表面洁净，图案清晰，色泽一致，接缝严密、美观。拼缝处的图案、花纹吻合，无胶痕；与墙边交接严密，阴阳角收边方正。

（2）镶边用料应尺寸准确、边角整齐、拼接严密、接缝顺直。

（3）橡胶面层的允许偏差和检验方法见表 1-6。

表 1-6　橡胶面层的允许偏差和检验方法

项目	允许偏差（mm）	检验方法
表面平整度	2	用2m靠尺和楔形塞尺检查
缝格平直	3	拉5m线和用钢尺检查
接缝高低差	0.5	用钢尺和楔形塞尺检查

1.9.4　安全与环保措施

1. 施工机械应符合《建筑机械使用安全技术规程》（JGJ 33—2012）及《施工现场临时用电安全技术规范》（JGJ 46—2012）的有关规定。施工中应定期对其进行检查、维修，保证机械使用安全。施工机械设备应建立按时保养、保修、检验制度，应选用高效节能电动机，选用噪声标准较低的施工机械、设备，对机械、设备采取必要的消声、隔振和减振措施。施工现场宜充分利用太阳能。

2. 橡胶面层施工中，施工人员应戴防尘口罩、防护眼镜、橡胶手套、工作服等防护用品，防止产生粉尘污染、液体橡胶挥发产生刺激性气体。

3. 施工人员连续作业的时间不宜过长，应间断地离开现场，呼吸新鲜空气。高温期间作业应调整作息时间，加强通风和降温措施。

4. 施工现场生产、生活用水应使用节水型生活用水器具，在水源处应设置明显的节约用水标识。施工现场应充分利用雨水资源，设置沉淀池、废水回收设施。

5. 施工现场擦洗过溶剂的棉纱、废布等应放在带盖的铁桶内定期处理，废弃的涂料或溶剂严禁向地沟、下水道、污水口倾倒。

6. 建筑施工的材料采购宜就地取材、就近取材，优先采用施工现场 500km 以内地区生产的建筑建材。

7. 橡胶面层的液体材料与稀释剂等为易燃材料，应存放在专用危险品仓库中，并安排专人保管，避免阳光直射、高温。危险品仓库应远离易燃物品仓库，并且库房周围20m以内禁止堆放易燃物品。施工现场严禁烟火，危险品仓库、施工现场应设有消防水源和配备消防器材。

1.10 活动地板施工

1.10.1 施工要点

1. 基层地面有水泥地面或现制水磨石地面，地面应平整，光洁、不起灰，不明显的凹凸不平，含水率不大于8%。

2. 安装支座和横梁组件时按照已弹好的纵横交叉点安装支座和横梁，支座要对准方格网中心交叉点，转动支座螺杆，调整支座的高低；支座与基层面之间的空隙应灌注粘结剂，连接牢固，亦可用膨胀螺栓或射钉固定。

3. 铺设活动地板前要对面层下铺设的设备电气管线检查，并按要求做好隐蔽工程验收；地板安装完后要检查其平整度及缝隙。

1.10.2 质量要点

1. 选择规格一致、质量合格的地板块及其配套的配件，横梁上铺设的缓冲胶条要均匀一致，接触平整、严密，铺板时四角接触平稳、严密，不得加垫，防止地板面层产生接缝不严、翘边和有响声现象。

2. 活动地板下的各种管线要在铺板前安装完，并验收合格，防止安装完地板后多次揭开，影响地板质量。

3. 设备四周和墙边不符合模数的板块，切割后应做好镶边、封边，防止板边受潮变形。

1.10.3 质量验收

1. 主控项目

（1）活动地板应符合设计要求和国家现行有关标准的规定，且应具有耐磨、防潮、阻燃、耐污染、耐老化和导静电等性能。

（2）活动地板面层应安装牢固，无裂纹、掉角和缺棱等缺陷。

2. 一般项目

（1）活动地板面层应排列整齐、表面洁净、色泽一致、接缝均匀、周边顺直。

（2）活动地板面层的允许偏差应符合本规范表1-7的规定。

表1-7　活动地板面层的允许偏差及检查方法

项次	项目	允许偏差（mm）	检查方法
1	表面平整度	2.0	用2m靠尺和楔形塞尺检查
2	缝格平直	2.5	拉5m线，不足5m拉通线和尺量检查
3	踢脚线上口平直	—	拉5m线，不足5m拉通线和尺量检查
4	接缝高低差	0.4	尺量和楔形塞尺检查
5	板块间隙宽度	0.3	用钢尺检查

1.10.4 安全与环保措施

1. 施工机械应符合《建筑机械使用安全技术规程》（JGJ 33—2012）及《施工现场临时用电安全技术规范》（JGJ 46—2012）的有关规定。

2. 施工中应定期对其进行检查、维修，保证机械使用安全。施工机械设备应建立按时保养、保修、检验制度，应选用高效节能电动机，选用噪声标准较低的施工机械、设备，对机械、设备采取必要的消声、隔振和减振措施。施工现场宜充分利用太阳能。

3. 施工现场进行剔凿、切割作业时，作业面局部应遮挡、掩盖，操作人员宜戴上口罩、耳塞，防止吸入粉尘和切割噪声，危害人身健康。

4. 施工作业应避免夜间施工，当必须夜间施工时，应合理调整灯光照射方向，保证现场施工作业面有足够光照的条件下，减少对周围居民生活的干扰。

5. 施工现场场界噪声进行检测和记录，噪声排放不得超过国家标准。施工场地的强噪声设备宜设置在远离居民区的一侧，可采取对强噪声设备进行封闭等降低噪声措施。

6. 建筑施工的材料采购宜就地取材、就近取材，优先采用施工现场 500km 以内地区生产的建筑建材。

7. 施工现场应建立封闭式垃圾站，并对建筑垃圾按不可再利用垃圾与可再利用垃圾进行分类存放，对可循环利用的建筑垃圾进行再分类，建立相应的项目部台账。

1.11 实木地板面层施工

1.11.1 施工要点

1. 先把基层上的浮浆、落地灰、杂物等用錾子剔除掉，再用钢丝刷、扫帚将浮土清理干净。

2. 木搁栅、垫木、沿缘木、剪刀撑及毛地板常用规格见表 1-8。

表 1-8　木搁栅、垫木、沿缘木、剪刀撑及
毛地板常用规格　　　　　　　mm

名称		宽度	厚度
垫木 （压檐木）	空铺式	100	50
	实铺式	平面尺寸 120×120	20
剪刀撑		50	50
木搁栅 （或木楞）	空铺式	根据设计或计算决定	同左
	实铺式	梯形断面上 50，下 70；矩形 70	50
毛地板		不大于 120	22～25

3. 铺设实木地板面层时，其木搁栅的截面尺寸、间距和稳固方法等均应符合设计要求。木搁栅固定时，不得损坏基层和预埋管线，木搁栅应垫实钉牢，与墙之间应留 30mm 的缝隙，表面应平整。

4. 毛地板铺设时，木材髓心应向上，其板间缝隙不应大于 3mm，与墙之间应留 8～12mm 的空隙，表面应刨平。

1.11.2　质量要点

1. 铺设毛地板前应检查木搁栅安装是否牢固，不牢固处应及时加固，防止行走时有响声。

2. 实木地板面层所用材料木材的含水率在 12% 以下，木搁栅、垫木和毛地板等必须做防腐、防蛀处理。

3. 按规定留好木格栅、毛地板、木地板面层与墙之间的间隙，并预留木地板的通风排气孔，防止木地板受潮变形。

4. 木踢脚板安装前，先检查墙面垂直和平整及木砖间距，有偏差时应及时修整，防止踢脚板与墙面接触不严和翘曲、变形。

1.11.3 质量验收

1. 主控项目

（1）实木地板、实木集成地板、竹地板面层采用的地板、铺设时的木（竹）材含水率、胶粘剂等应符合设计要求和国家现行有关标准的规定。

（2）实木地板、实木集成地板、竹地板面层采用的材料进入施工现场时，应有以下有害物质限量合格的检测报告：

1）地板中的游离甲醛（释放量和含量）；

2）溶剂型胶粘剂中的挥发性有机化合物（VOC）、苯、甲苯＋二甲苯；

3）水性胶粘剂中的挥发性有机化合物（VOC）和游离甲醛。

（3）木搁栅、垫木和垫层地板等做防腐、防蛀处理。

（4）木栅栏安装应牢固、平直。

（5）面层铺设应牢固；粘结应无空鼓、松动。

2. 一般项目

（1）实木地板、实木集成地板面层应刨平、磨光，无明显刨痕和毛刺等现象；图案应清晰、颜色应均匀一致。

（2）竹地板面层的品种与规格应符合设计要求，板面应无翘曲。

（3）面层缝隙应严密；接头位置应错开，表面应平整、洁净。

（4）面层采用粘、钉工艺时，接缝应对齐，粘、钉应严密；缝隙宽度应均匀一致；表面应洁净，无溢胶现象。

（5）踢脚线应表面光滑，接缝严密，高度一致。

（6）实木地板、实木集成地板、竹地板面层的允许偏差应符合本规范表 1-9 的规定。

表 1-9　实木地板面层的允许偏差

项次	项目	实木地板面层允许偏差(mm)			检验方法
		松木地板	硬木地板	拼花地板	
1	板面缝隙宽度	1.0	0.5	0.2	用钢尺检查
2	表面平整度	3.0	2.0	2.0	用2m靠尺和楔形塞尺检查
3	踢脚线上口平直	3.0	3.0	3.0	拉5m通线,不足5m
4	板面拼缝平直	3.0	3.0	3.0	拉通线和用钢尺检查
5	相邻板材高差	0.5	0.5	0.5	用钢尺和楔形塞尺检查
6	踢脚线与面层的接缝	1.0	1.0	1.0	楔形塞尺检查

1.11.4　安全与环保措施

1. 施工机械应符合《建筑机械使用安全技术规程》(JGJ 33—2012)及《施工现场临时用电安全技术规范》(JGJ 46—2012)的有关规定,施工中应定期对其进行检查、维修,保证机械使用安全。

2. 施工机械设备应建立按时保养、保修、检验制度,应选用高效节能电动机,选用噪声标准较低的施工机械、设备,对机械、设备采取必要的消声、隔振和减振措施。施工现场宜充分利用太阳能。

3. 施工现场进行剔凿、切割作业时,作业面局部应遮挡、掩盖,操作人员宜戴上口罩、耳塞,防止吸入粉尘和切割噪声,危害人身健康。

4. 木材、刨花等均属易燃品,不得乱堆乱扔,应集中放置在指定地点,临时堆放点应远离火源,有可靠的防火措施,按规定配置消防器材。

5. 建筑施工的材料采购宜就地取材、就近取材,优先采用施工现场 500km 以内地区生产的建筑建材。施工现场禁止吸烟、明火施工，避免引起火灾。

6. 施工现场场界噪声进行检测和记录，噪声排放不得超过国家标准。施工场地的强噪声设备宜设置在远离居民区的一侧，可采取对强噪声设备进行封闭等降低噪声措施。

7. 施工现场应建立封闭式垃圾站，并对建筑垃圾按不可再利用垃圾与可再利用垃圾进行分类存放，对可循环利用的建筑垃圾进行再分类，建立相应的项目部台账。

1.12 实木复合地板面层施工

1.12.1 施工要点

1. 先把基层上的浮浆、落地灰、杂物等用錾子剔除掉，再用钢丝刷、扫帚将浮土清理干净。

2. 实木复合地板的外观质量要求见表 1-10。

表 1-10 实木复合地板的外观质量要求

名称	项目	表面			背面
		优等	一等	合格	
死节	最大单个长径，mm	不允许	2	4	50
孔洞（含虫孔）	最大单个长径，mm	不允许		2，需修补	15
浅色夹皮	最大单个长度，mm	不允许	20	30	
	最大单个宽度，mm		2	4	不限
深色夹皮	最大单个长度，mm	不允许		15	不限
	最大单个宽度，mm			2	不限

名称		项目	表面			背面
			优等	一等	合格	
树脂囊和树脂道		最大单个长度，mm	不允许		5，且最大单个宽度不小于1	不限
腐朽		—	不允许			*
变色		不超过板面积，%	不允许	5，板面色泽要协调	20，且最大单个宽度小于1	不限
裂缝		—	不允许			不限
拼接	横拼	最大单个宽度，mm	0.1	0.2	0.5	不限
		最大单个长度不超过板长，%	5	10	20	
	纵拼	最大单个宽度，mm	0.1	0.2	0.5	
叠层		—	不允许			不限
鼓泡、分层		—	不允许			
凹陷、压痕、鼓包		—	不允许	不明显	不明显	不限
补条、补片		—	不允许			不限
毛刺沟痕		—	不允许			不限
透胶、板面污染		不超过板面积，%	不允许		1	不限
砂透		—	不允许			不限
波纹		—	不允许		不明显	—
刀痕、划痕		—	不允许			不限

名称	项目	表面			背面
		优等	一等	合格	
边、角缺损	—	不允许			＊＊
漆模鼓泡	Φ≤0.5mm	不允许	每块板不超过3个		—
针孔	Φ≤0.5mm	不允许	每块板不超过3个		—
皱皮	不超过板面积,％	不允许		5	—
粒子	—	不允许		不明显	—
漏漆	—	不允许			—

注：＊　允许有初腐，但不剥落，不能捻成粉末。

　　＊＊　长边缺损不超过板长的30％，且宽不超过5mm；端边缺损不超过板宽的20％，且宽不超过5mm。

　　凡在外观质量检验环境条件下，不能清晰地观察到的缺陷即为不明显。

1.12.2　质量要点

1. 铺设毛地板前应检查木搁栅安装是否牢固，不牢固处应及时加固，防止行走时有响声。

2. 实木复合地板面层所用材料木材的含水率必须符合设计要求，木搁栅、垫木和毛地板等必须做防腐、防蛀处理。

3. 按规定留好木搁栅、毛地板、木地板面层与墙之间的间隙，并预留木地板的通风排气孔，防止木地板受潮变形。

4. 木踢脚板安装前，先检查墙面垂直和平整及木砖间距，有偏差时应及时修整，防止踢脚板与墙面接触不严和翘曲、变形。

1.12.3 质量验收

1. 主控项目

（1）实木复合地板面层采用的地板、胶粘剂等应符合设计要求和国家现行有关标准的规定。

（2）实木复合地板面层采用的材料进入施工现场时，应有以下有害物质限量合格的检测报告：

1）地板中的游离甲醛（释放量或含量）；

2）溶剂型胶粘剂中的挥发性有机化合物（VOC）、苯、甲苯＋二甲苯；

3）水性胶粘剂中的挥发性有机化合物（VOC）和游离甲醛。

（3）木搁栅、垫木和垫层地板等应做防腐、防蛀处理。

（4）木搁栅安装应牢固、平直。

（5）面层铺设应牢固；粘贴应无空鼓、松动。

2. 一般项目

（1）实木复合地板面层图案和颜色应符合设计要求，图案应清晰，颜色应一致，板面应无翘曲。

（2）面层缝隙应严密；接头位置应错开，表面应平整、洁净。

（3）面层采用粘、钉工艺时，接缝应对齐，粘、钉应严密；缝隙宽度应均匀一致；表面应洁净，无溢胶现象。

（4）踢脚线应表面光滑，接缝严密，高度一致。

（5）实木复合地板面层的允许偏差应符合本规范表1-11的规定。

表 1-11　实木复合地板面层的允许偏差和检验方法

项次	项目	允许偏差（mm） 实木复合地板	检验方法
1	板面缝隙宽度	0.5	用钢尺检查
2	表面平整度	2.0	用 2m 靠尺和楔形塞尺检查
3	踢脚线上口平齐	3.0	拉 5m 通线，不足 5m 拉通线和用钢尺检查
4	板面拼缝平直	3.0	
5	相邻板材高差	0.5	用钢尺和楔形塞尺检查
6	踢脚线与面层的接缝	1.0	楔形塞尺检查

1.12.4　安全与环保措施

1. 施工机械应符合《建筑机械使用安全技术规程》（JGJ 33—2012）及《施工现场临时用电安全技术规范》（JGJ 46—2005）的有关规定，施工中应定期对其进行检查、维修，保证机械使用安全。

2. 施工机械设备应建立按时保养、保修、检验制度，应选用高效节能电动机，选用噪声标准较低的施工机械、设备，对机械、设备采取必要的消声、隔振和减振措施。施工现场宜充分利用太阳能。

3. 施工现场进行剔凿、切割作业时，作业面局部应遮挡、掩盖，操作人员宜戴上口罩、耳塞，防止吸入粉尘和切割噪声，危害人身健康。

4. 木材、刨花等均属易燃品，不得乱堆乱扔，应集中放置在指定地点，临时堆放点应远离火源，有可靠的防火措施，按规定配置消防器材。

5. 建筑施工的材料采购宜就地取材、就近取材，优先采用施工现场 500km 以内地区生产的建筑建材。施工现场禁止吸烟、明火施工，避免引起火灾。

6. 施工现场场界噪声进行检测和记录，噪声排放不得超过国家标准。施工场地的强噪声设备宜设置在远离居民区的一侧，可采取对强噪声设备进行封闭等降低噪声措施。

7. 施工现场应建立封闭式垃圾站，并对建筑垃圾按不可再利用垃圾与可再利用垃圾进行分类存放，对可循环利用的建筑垃圾进行再分类，建立相应的项目部台账。

1.13 地毯面层施工

1.13.1 施工要点

1. 先把基层上的浮浆、落地灰、杂物等用錾子剔除掉，再用钢丝刷、扫帚将浮土清理干净；基层表面平整偏差不大于±3mm，表面若有油污，应用丙酮或松节油擦净。

2. 根据定位尺寸剪裁地毯，其长度应比房间实际尺寸大 20mm 或根据图案、花纹大小让出一个完整的图案；剪裁时楼梯地毯长度应留有一定余量，一般为 500mm 左右，以便使用中更换挪动磨损的部位。

3. 沿房间四周踢脚边缘，将倒刺板条用钢钉牢固地钉在地面基层上，钢钉间距 400mm 左右为宜，倒刺板条应距踢脚板表面 8～10mm。

4. 将衬垫采用点粘法或用双面胶带纸粘在地面基层上，边缘离开倒刺板 10mm 左右。

1.13.2 质量要点

1. 施工前应将基层清理干净，检查其平整度和干燥程度，避免地毯出现不平、变色。

2. 施工时，倒刺板与基层、地毯周边与倒刺板应固定牢固；毯面应完全拉伸平整；铺设方块地毯时，对缝应平行、挤紧，以保证地毯表面的平整、密实，无明显拼缝。

3. 缝合或粘合地毯接缝时，应将毯面绒毛捋顺。裁割地毯时应注意缝边顺直、尺寸准确，防止地毯接缝明显。

4. 有花纹图案的地毯，在同一场所应由同一批作业人员一次铺好；用撑子拉伸地毯时，各方向的力度应均匀一致，防止造成图案对花不符或扭曲变形。

1.13.3 质量验收

1. 主控项目

（1）地毯面层采用的材料应符合设计要求和国家现行有关标准的规定。

（2）地毯面层采用的材料进入施工现场时，应有地毯、衬垫、胶粘剂中的挥发性有机化合物（VOC）和甲醛限量合格的检测报告。

（3）地毯表面应平服，拼缝处应粘贴牢固、严密平整、图案吻合。

2. 一般项目

（1）地毯表面不应起鼓、起皱、翘边、卷边、显拼缝、露线和无毛边，绒面毛应顺光一致，毯面应洁净、无污染和损伤。

（2）地毯同其他面层连接处、收口处和墙边、柱子周围应顺直、压紧。

1.13.4 安全与环保措施

1. 施工机械应符合《建筑机械使用安全技术规程》（JGJ 33—2012）及《施工现场临时用电安全技术规范》（JGJ 46—2005）的有关规定，施工中应定期对其进行检查、维修，保证机械使用安全。

2. 施工机械设备应建立按时保养、保修、检验制度，应选用高效节能电动机，选用噪声标准较低的施工机械、设备，对机械、设备采取必要的消声、隔振和减振措施。施工现场宜充分利用太阳能。

3. 施工人员连续作业的时间不宜过长，应间断地离开现场呼吸新鲜空气。高温期间作业应调整作息时间，加强施工现场的通风和降温措施。

4. 施工人员应经安全技术交底和安全文明施工教育后方可进入工地施工操作。施工现场应加强安全管理，安排专职安全巡逻员，设置灭火器等消防设备。

5. 建筑施工的材料采购宜就地取材、就近取材，优先采用施工现场500km以内地区生产的建筑建材。施工现场禁止吸烟、明火施工，避免引起火灾。

6. 合理安排工序，提高各种机械的使用率和满载率，对工程浇筑剩余的预拌混凝土或砂浆进行妥善再利用，严禁随意丢弃。

7. 施工现场应建立封闭式垃圾站，并对建筑垃圾按不可再利用垃圾与可再利用垃圾进行分类存放，对可循环利用的建筑垃圾进行再分类，建立相应的项目部台账。

2 抹 灰 工 程

2.1 一般抹灰施工

2.1.1 施工要点

1. 基层清理

(1) 砖砌体：应清除表面杂物，残留灰浆、舌头灰、尘土等。

(2) 混凝土基体：先采用脱污剂将墙面的油污脱除干净，晾干后表面凿毛或在表面洒水湿润后涂刷1：1水泥砂浆（加适量的胶粘剂或混凝土界面剂）。

(3) 加气混凝土基体：在抹灰前对松动及灰浆不饱满的拼缝或梁板下的顶头缝，用砂浆密实。将墙面凸出部分或舌头灰剔除平整，并将缺棱掉角，凹凸不平和设备管线槽、洞等同时用砂浆整修密实、平顺，用托线板检查墙面垂直偏差及平整度，根据要求将墙面抹灰基层处理到位，然后喷水湿润后边涂刷界面剂，边抹强度不大于M5的水泥砂浆或水泥混合砂浆。

(4) 堵门窗口缝及脚手眼、孔洞等堵缝工作要作为一道工序安排专人负责，门窗框安装位置准确牢固，用1：3水泥砂浆将缝隙塞严。堵脚手眼和废弃的孔洞时，应将洞内杂物、灰尘等物清理干净，浇水湿润，然后用砖将其补齐砌严。

2. 一般在抹灰前一天，用软管或胶皮管、喷壶顺墙自上而下湿润，每天宜浇两次。

3. 根据设计图纸要求的抹灰质量，根据基层表面平整垂直情况，用一面墙作基准，吊垂直、套方、找规矩，确定抹灰厚度，抹灰厚度不应小于 7mm。

4. 当灰饼砂浆达到七八成干时，即可用与抹灰层相同砂浆冲筋，冲筋根数应根据抹灰面的宽度和高度确定，一般标筋宽度为 5cm，两筋间距不大于 1.5m，当墙面高度小于 3.5m 时宜作立筋，大于 3.5m 时宜作横筋，作横向充筋时灰饼的间距不宜大于 2m。

5. 一般情况下冲筋完成 2h 左右可开始抹底灰为宜，抹前应先抹一层薄灰，要求浆基体抹严，抹时用力压实使砂浆挤入细小缝隙内，接着分层装档、抹与冲筋平，用木杠刮找平整，用木抹子搓毛。

6. 当底灰抹平后，要随即有专人把预留孔洞、配电箱、槽、盒周边 5cm 宽的石灰砂浆刮掉，并清除干净，用大毛刷蘸水沿周边湿润，然后用 1:1:4 水泥混合砂浆，把洞口、箱、槽盒周边压抹平整、光滑。

7. 在底灰六七成干时开始抹罩面灰（抹时如底灰过干应浇水湿润）罩面灰两遍成活，厚度约 2mm，操作时宜两人同时配合进行，一人先刮一遍薄灰，另一人随即抹灰。依先上后下的顺序进行，然后压实压光，压时要掌握火候，既不要出现水纹，也不可压活，压好后随即用毛刷蘸水将罩面灰污染处清理干净。

8. 水泥砂浆抹灰常温 24h 应喷水养护，冬期施工要有保温措施。

2.1.2 质量要点

1. 抹灰前基层必须处理干净，光滑表面应做毛化处理，浇水湿润。抹灰时应分层进行，每层抹灰不应过厚，并严格控制间隔时间，抹完后及时浇水养护，以防空鼓、开裂。

2. 安装窗框时，标高应统一，尺寸准确，框四周应留有抹灰量，以防抹灰吃口。

3. 抹灰时避免将接槎放在大面中间处，一般应留在分格缝或不明显处，防止产生接槎不平。

4. 若墙面不做涂饰时，砂浆应用同品种、同批号的水泥，罩面压光应避免在同一处过多抹压，以防造成表面颜色深浅不一。

5. 淋制灰膏或泡制磨细生石灰粉时，熟化时间必须达到规定天数，防止因灰膏中存有未熟化的颗粒，造成抹灰层爆裂，出现开花、麻点。

6. 现浇混凝土顶板抹灰基层必须进行毛化处理，抹灰厚度不得过厚，防止粘结不牢开裂脱落。

2.1.3 质量验收

1. 主控项目

（1）一般抹灰所用材料的品种和性能应符合设计要求及国家现行标准的有关规定。

（2）抹灰前基层表面的尘土、污垢和油渍等应清除干净，并应洒水润湿或进行界面处理。

（3）抹灰工程应分层进行。当抹灰总厚度大于或等于35mm时，应采取加强措施，不同材料基体交接处表面的抹灰，应采取防止开裂的加强措施，当采用加强网时，加强网与各基体的搭接宽度不应小于100mm。

（4）抹灰与基层之间及各抹灰层之间应粘结牢固，抹灰层应无脱层和空鼓，面层应无爆灰和裂缝。

2. 一般项目

（1）一般抹灰工程的表面质量应符合下列规定：

1）普通抹灰表面应光滑、洁净、接槎平整，分格缝应清晰。

2）高级抹灰表面应光滑、洁净、颜色均匀、无抹纹，分格缝和灰线应清晰美观。

（2）护角、孔洞、槽、盒周围的抹灰表面应整齐、光滑；管道后面的抹灰表面应平整。

（3）抹灰层的总厚度应符合设计要求；水泥砂浆不得抹在石灰砂浆层上；罩面石膏灰不得抹在水泥砂浆层上。

（4）抹灰分格缝的设置应符合设计要求，宽度和深度应均匀，表面应光滑，棱角应整齐。

（5）有排水要求的部位应做滴水线（槽）。滴水线（槽）应整齐顺直，滴水线应内高外低，滴水槽的宽度和深度均不应小于 10mm。

（6）一般抹灰工程质量允许偏差和检查方法应符合表 2-1 的规定。

表 2-1　一般抹灰的工程质量允许偏差和检验方法

项次	项目	允许偏差（mm）		检验方法
		普通抹灰	高级抹灰	
1	立面垂直度	4	3	用 2m 垂直检测尺检查
2	表面平整度	4	3	用 2m 靠尺和塞尺检查
3	阴阳角方正	4	3	用 200mm 直角检测尺检测
4	分格条（缝）直线度	4	3	拉 5m 线，不足 5m 拉通线，用钢直尺检查
5	墙裙、勒脚上口直线	4	3	拉 5m 线，不足 5m 拉通线，用钢直尺检查

2.1.4　安全与环保措施

1. 施工机械应符合《建筑机械使用安全技术规程》（JGJ 33—2012）及《施工现场临时用电安全技术规范》（JGJ 46—2012）的有关规定，施工中应定期对其进行检查、维修，保证机械使用安全。

2. 施工机械设备应建立按时保养、保修、检验制度，应选用高效节能电动机，选用噪声标准较低的施工机械、设备，对机械、设备采取必要的消声、隔振和减振措施。施工现场宜充分利用太阳能。

3. 施工人员应经安全技术交底和安全文明施工教育后才可进入工地施工操作，施工现场应加强安全管理，安排专职安全巡逻员，设置黄沙桶、灭火器等消防设备。

4. 施工人员连续作业的时间不宜过长，应间断地离开现场呼吸新鲜空气，高温期间作业应调整作息时间，加强施工现场的通风和降温措施。

5. 在高凳上搭脚手板时，高凳要放稳，高凳间间距不大于 2m。脚手板不少于两块，不得留探头板。移动高凳时，上面不得站人。一块脚手板上不得有两人同时作业，防止超载，发生事故。

6. 现场清扫设专人洒水，不得有扬尘污染，打磨粉尘用潮布擦净，操作工人应佩戴相应的保护设施，如防毒面具、口罩、手套等，以免危害工人肺、皮肤等。

7. 使用现场搅拌站时，应设置施工污水处理设施。施工污水未经处理不得随意排放，要向施工区外排放时，应经相关部门批准方可外排。施工材料与施工垃圾应及时封闭存放，废料应及时清出室内，施工时，室内应保持良好通风，但不宜有过堂风。

2.2 保温层薄抹灰施工

2.2.1 施工要点

1. 施工作业环境温度不低于5℃，风力不大于5级，雨雪天禁止施工。

2. 施工基层的保温层平整度符合要求，工序质量经验收合格，表面清理干净。

3. 薄抹灰砂浆应按配比配制，搅拌均匀，并在规定时间内用完。

4. 涂抹在保温层上的底层砂浆应均匀，厚度控制在3mm之内。

5. 门窗洞口等部位应铺贴加强网格布，再铺设大面网格布，绷平后用抹子由中间向左右将网格布抹平，并将其压入底层抹面砂浆中。

6. 面层砂浆的厚度以盖住网格布为准，总厚度符合产品技术要求，一般不大于6mm。

2.2.2 质量要点

1. 加强网格布应在大面网格布下面，网格布搭接宽度应不大于100mm（左右方向）、80mm（上下方向），并不得使网格布褶皱、翘边。

2. 网格布在膨胀缝处应断开，在装饰缝处不得搭接和断开。

3. 应严格控制薄抹灰砂浆层厚度，底层抹灰层厚度不宜超过3mm。

2.2.3 质量验收

1. 主控项目

（1）保温层薄抹灰所用材料的品种和性能应符合设计要

求及国家现行标准的有关规定。

（2）基层质量应符合设计和施工方案的要求。基层表面的尘土、污垢和油渍等应清除干净。基层含水率应满足施工工艺的要求。

（3）保温层薄抹灰及其加强处理应符合设计要求和国家现行标准的规定。

（4）抹灰层与基层之间及各抹灰层之间应粘结牢固，抹灰层应无脱层和空鼓，面层应无爆灰和裂缝。

2. 一般项目

（1）保温层薄抹灰表面应光滑、洁净、颜色均匀、无抹纹，分格缝和灰线应清晰美观。

（2）护角、孔洞、槽、盒周围的抹灰表面应整齐、光滑；管道后面的抹灰表面应平整。

（3）保温层薄抹灰层的总厚度应符合设计要求。

（4）保温层薄抹灰分格缝的设置应符合设计要求。宽度和深度应均匀，表面应光滑，棱角应整齐。

（5）有排水要求的部位应做滴水线（槽）。滴水线（槽）应整齐顺直，滴水线应内高外低，滴水槽宽度和深度均不应小于10mm。

（6）保温层薄抹灰工程质量的允许偏差和检验方法应符合表 2-2 的规定。

表 2-2　保温层薄抹灰工程质量的允许偏差和检验方法

项次	项目	允许偏差（mm）	检验方法
1	立面垂直度	3	用 2m 垂直检测尺检查
2	表面平整度	3	用 2m 靠尺和塞尺检查
3	阴阳角方正	3	用 200mm 直角检测尺检查
4	分格条（缝）直线度	3	拉 5m 线，不足 5m 拉通线，用钢直尺检查

2.2.4 安全与环保措施

1. 施工人员必须戴好安全帽，高空作业时必须系好安全带。

2. 施工人员不准酒后上岗，不准带病作业。

3. 电气设备使用前应进行彻底检查，电源线使用前应进行摇测，有故障的设备及破皮、漏电的电源线必须修好后方可使用。

4. 吊篮在使用前，必须经验收，并经荷载试验合格后方可使用。

5. 使用吊篮的作业人员，必须身体健康，无高血压、心脏病等不适合高空作业的疾病。

6. 吊篮上的施工荷载不准超过 100kg/m^2，架体内的料具要对称放置，防止吊篮倾斜，升降时应两人同时操作，以保持架体平稳升降。

7. 作业结束后，吊篮应与建筑物固定，并切断电源，锁好电气控制箱，并将提升机、控制箱及安全锁用防水物包扎防止雨水渗入。

8. 吊篮在使用过程中设专人管理和检修，发现问题及时处理。

9. 各种运输车辆严格管理，不超载，不遗撒，不扬尘，文明驾驶，遵守交通法规。

10. 完工后应将材料码放整齐，现场清理干净，及时锁好配电箱。

2.3 装饰抹灰施工

2.3.1 施工要点

1. 抹灰工程应分层进行，确保粘结牢固，每层的厚度应符合设计或规范要求。当抹灰总厚度大于或等于 35mm 时应采取加强措施。

2. 水刷石墙面的施工工序：清理基层→湿润墙面→设置标筋→抹底层砂浆→抹中层砂浆→弹线和粘贴分格条→抹水泥石子浆→洗刷→养护。水刷石表面应石粒清晰、分布均匀、紧密平整、色泽一致，应无掉粒和接槎痕迹。

3. 斩假石墙面的施工工序：清理基层→湿润墙面→设置标筋→抹底层砂浆→抹中层砂浆→弹线和粘贴分格条→抹水泥石子浆面层→洗刷→养护→斩剁→清理。斩假石表面剁纹应均匀顺直，深浅一致，应无漏剁处；阳角处应横剁并留出宽窄一致的不剁边条，棱角应无损坏。

4. 干粘石墙面的施工工序：清理基层→湿润墙面→设置标筋→抹底层砂浆→抹中层砂浆→弹线和粘贴分格条→抹面层砂浆→撒石子→修整拍平。干粘石表面应色泽一致，不露浆，不漏粘，石粒应粘接牢固、分布均匀，阳角处应无明显黑边。

5. 假面砖表面应平整、沟纹清晰、留缝整齐、色泽一致，应无掉角、脱皮、起砂等缺陷。

2.3.2 质量要点

1. 冬期施工现场温度最低不低于 5℃；

2. 抹灰基体表面应彻底清理干净，对于表面光滑的基体应进行毛化处理。

3. 抹灰前应将基体充分浇水润透，防止基体浇水不透造成抹灰砂浆中的水分很快被基体吸收，造成一系列的质量问题。

4. 抹灰砂浆中使用的材料应充分水化，并防止影响粘结力。

5. 严格各层抹灰的厚度，应防止一次抹灰过厚，而造成干缩率增大，造成空鼓、开裂等质量通病问题。

6. 不同材料基体交接处表面的抹灰，应采取防止开裂的加强措施，当采用加强网时，加强网与各基体的搭接宽度不应小于100mm。

2.3.3 质量验收

1. 主控项目

（1）装饰抹灰工程所用材料的品种和性能应符合设计要求及国家现行标准的有关规定。

（2）抹灰前基层表面的尘土、污垢和油渍等应清除干净，并应洒水润湿或进行界面处理。

（3）抹灰工程应分层进行。当抹灰总厚度大于或等于35mm时，应采取加强措施。不同材料基体交接处表面的抹灰，应采取防止开裂的加强措施，当采用加强网时，加强网与各基体的搭接宽度不应小于100mm。

（4）各抹灰层之间及抹灰层与基体之间应粘结牢固，抹灰层应无脱层、空鼓和裂缝。

2. 一般项目

（1）装饰抹灰工程的表面质量应符合下列规定：

1）水刷石表面应石粒清晰、分布均匀、紧密平整、色泽一致，应无掉粒和接槎痕迹；

2）斩假石表面剁纹应均匀顺直、深浅一致，应无漏剁处；阳角处应横剁并留出宽窄一致的不剁边条，棱角应无损坏；

3）干粘石表面应色泽一致、不露浆、不漏粘，石粒应粘结牢固、分布均匀，阳角处应无明显黑边；

4）假面砖表面应平整、沟纹清晰、留缝整齐、色泽一

48

致，应无掉角、脱皮和起砂等缺陷。

（2）装饰抹灰分格条（缝）的设置应符合设计要求，宽度和深度应均匀，表面应平整光滑，棱角应整齐。

（3）有排水要求的部位应做滴水线（槽）。滴水线（槽）应整齐顺直，滴水线应内高外低，滴水槽的宽度和深度均不应小于 10mm。

（4）装饰抹灰工程质量的允许偏差和检验方法应符合表 2-3 的规定。

表 2-3 装饰抹灰的允许偏差和检验方法

项次	项目	允许偏差（mm）				检验方法
		水刷石	斩假石	干粘石	假面砖	
1	立面垂直度	5	4	5	5	用 2m 垂直检测尺检查
2	表面平整度	3	3	5	4	用 2m 靠尺和塞尺检查
3	阳角方正	3	3	4	4	用 200mm 直角检测尺检查
4	分格条（缝）直线度	3	3	3	3	拉 5m 线，不足 5m 拉通线，用钢直尺检查
5	墙裙、勒脚上口直线度	3	3	—	—	拉 5m 线，不足 5m 拉通线，用钢直尺检查

2.3.4 安全与环保措施

安全和环保措施同 2.1.4。

2.4 清水砌体勾缝施工

2.4.1 施工要点

1. 勾缝前，必须将墙面缝隙内和表面的砂浆清理干净，注意不要损坏砖的表面；对砌体进行浇水湿润，冲去表面的浮土，以保证勾缝砂浆与砌体粘结牢固。

2. 勾缝砂浆配制应符合设计及相关要求，并且不宜拌制太稀。勾缝顺序应由上而下，先勾水平缝，然后勾立缝；每一操作段勾缝完成后，用扫帚顺缝清扫，先扫平缝，后扫立缝，并不断抖弹扫帚上的砂浆，减少墙面污染。

3. 勾缝工作全部完成后，应将墙面全面清扫，对施工中污染的墙面残留灰痕应用力扫净，如难以扫掉时用毛刷蘸水轻刷，然后仔细将灰痕擦洗掉，使墙面干净整洁。

2.4.2 质量要点

1. 勾立缝时应与水平缝接好槎，做到"十"字缝平顺，扫缝时应将立缝清扫干净。

2. 每步架勾完缝后，应认真检查，尤其是门窗盘的侧面，发现漏勾时应及时补勾。

2.4.3 质量验收

1. 主控项目

（1）清水砌体勾缝所用砂浆的品种和性能应符合设计要求及国家现行标准的有关规定。

（2）清水砌体勾缝应无漏勾。勾缝材料应粘结牢固，无开裂。

2. 一般项目

（1）清水砌体勾缝应横平竖直，交接处应平顺，宽度和深度应均匀，表面应压实抹平。

（2）灰缝应颜色一致，砌体表面应洁净。

2.4.4 安全与环保措施

1. 施工机械应符合《建筑机械使用安全技术规程》（JGJ 33—2012）及《施工现场临时用电安全技术规范》（JGJ 46—2012）的有关规定，施工中应定期对其进行检查、维修，保证机械使用安全。施工机械设备应建立按时保养、保修、检验制度，应选用高效节能电动机，选用噪声标准较低的施工机械、设备，对机械、设备采取必要的消声、隔振和减振措施。施工现场宜充分利用太阳能。

2. 施工人员应经安全技术交底和安全文明施工教育后才可进入工地施工操作，施工现场应加强安全管理，安排专职安全巡逻员，设置黄沙桶、灭火器等消防设备。

3. 施工人员连续作业的时间不宜过长，应间断地离开现场呼吸新鲜空气，高温期间作业应调整作息时间，加强施工现场的通风和降温措施。

4. 落地扣件式钢管脚手架搭设应符合《建筑施工扣件式钢管脚手架安全技术规范》（JGJ 130—2011）规定，脚手架作业层上的施工荷载应符合设计要求，不得超载，脚手架的安全检查与维护，应按规定进行，安全网应按有关规定搭设或拆除。脚手架搭设人员必须是经过按现行国家标准《特种作业人员安全技术培训考核管理规定》考核合格的专业架子工。

5. 现场清扫设专人洒水，不得有扬尘污染，打磨粉尘用潮布擦净，操作工人应佩戴相应的保护设施，如防毒面具、口罩、手套等，以免危害工人肺、皮肤等。

6. 使用现场搅拌站时，应设置施工污水处理设施。施工污水未经处理不得随意排放，要向施工区外排放时，应经相关部门批准方可外排。施工现场应建立封闭式垃圾站，并对建筑垃圾按不可再利用垃圾与可再利用垃圾进行分类存放，对可循环利用的建筑垃圾进行再分类，建立相应的项目部台账。

3 外墙防水工程

3.1 砂浆防水施工

3.1.1 施工要点

1. 外墙防水工程应按设计要求施工，施工前应编制专项施工方案并进行技术交底。

2. 外墙防水应由相应资质的专业队伍进行施工，作业人员应持证上岗。

3. 防水材料进场时应抽样复验。

4. 每道工序完成后，应经检查合格后再进行下道工序的施工。

5. 外墙防水层施工前，宜先做好节点处理，再进行大面积施工。

6. 砂浆防水层的基层表面应为平整的毛面，若为光滑表面时，应进行界面处理，并按要求进行湿润。

7. 防水砂浆的配比应符合设计和产品的要求，搅拌均匀。配制好的防水砂浆应在 1h 内用完，施工中不得加水。

8. 防水砂浆铺抹施工时，应符合下列要求：

（1）厚度大于 10mm 时，应分层施工，第二层应在前一层指触不粘时进行，各层粘结应牢固；

（2）喷涂施工时，喷枪的喷嘴应垂直于基面，合理调整压力、喷嘴与基面距离；

（3）涂抹时应压实、抹平，遇气泡时应挑破，保证铺抹密实；

（4）抹平、压实应在初凝前完成；

（5）每层宜连续施工，留槎时，应采用阶梯坡形槎，接槎部位离阴阳角不得小于 200mm，上下层接槎应错开 300mm 以上，接槎应依层次顺序操作，层层搭接紧密。

9. 砂浆防水层分格缝的留设位置和尺寸应符合设计要求，密封材料嵌填前，应将分格缝清理干净，密封材料嵌填应密实。

10. 门框、窗框、伸出外墙管道、预埋件等与防水层交接处应留 8～10mm 宽的凹槽，并按设计和规范要求进行密封处理。

11. 砂浆防水层转角宜抹成圆弧形，圆弧半径不应小于 5mm，转角抹压应顺直。

12. 窗台、窗楣和凸出墙面的腰线等部位上表面的排水坡度应准确，外口下沿的滴水线应连续、顺直。

3.1.2 质量要点

1. 外墙防水工程严禁在雨天、雪天和五级风及以上时施工，施工的环境气温宜为 5～35℃。

2. 外墙防水层的基层找平层应平整、坚实、牢固，不得起砂、起皮、酥松。

3. 砂浆防水层未达到硬化状态时，不得浇水养护或直接受雨水冲刷。聚合物水泥防水砂浆养护期间不得受冻。在硬化后应采用干湿交替的养护方法，普通防水砂浆层应在终凝后进行保湿养护。

4. 外墙防水层完工后，应采取保护措施，不得损坏防水层。

3.1.3 质量验收

1. 主控项目

（1）砂浆防水层的原材料、配合比及性能指标，应符合设计要求。

（2）砂浆防水层不得有渗漏现象。

（3）砂浆防水层与基层之间及防水层各层之间应结合牢固，不得有空鼓。

（4）砂浆防水层在门窗洞口、伸出外墙管道、预埋件、分格缝及收头等部位的节点做法，应符合设计要求。

2. 一般项目

（1）砂浆防水层表面应密实、平整，不得有裂纹、起砂、麻面等缺陷。

（2）砂浆防水层留槎位置应正确，接槎应按层次顺序操作，应做到层层搭接紧密。

（3）砂浆防水层的平均厚度应符合设计要求，最小厚度不得小于设计值的 80%。

3.1.4 安全与环保措施

安全和环保措施同 2.1.4。

3.2 涂膜防水施工

3.2.1 施工要点

1. 外墙防水工程应按设计要求施工，施工前应编制专项施工方案并进行技术交底。

2. 外墙防水应由相应资质的专业队伍进行施工，作业人员应持证上岗。

3. 防水材料进场时应抽样复验。

4. 每道工序完成后，应经检查合格后再进行下道工序的施工。

5. 外墙防水层施工前，宜先做好节点处理，再进行大面积施工。

6. 外墙涂膜施工前，应对节点部位按设计要求进行密封或增强处理。

7. 防水涂料的配制和搅拌应满足下列要求：

（1）双组分涂料配制前，应将液体组分搅拌均匀，配料应按照规定要求进行，不得任意改变配合比；

（2）应采用机械搅拌，配制好的涂料应色泽均匀，无粉团、沉淀。

8. 基层的干燥程度应根据涂料的品种和性能确定；防水涂料涂布前，宜涂刷基层处理剂。

9. 涂膜宜多遍完成，后遍涂布应在前遍涂层干燥成膜后进行。挥发性涂料的每遍用量每平方米不宜大于 0.6kg。

10. 每遍涂布应交替改变涂层的涂布方向，同一涂层涂布时，先后接槎宽度宜为 30～50mm。

11. 涂膜防水层的甩槎部位不得污损，接槎宽度不应小于 100mm。

12. 胎体增强材料应铺贴平整，不得有褶皱和胎体外露，胎体层充分浸透防水涂料；胎体的搭接宽度不应小于 50mm。胎体的底层和面层涂膜厚度均不应小于 0.5mm。

13. 涂膜防水层完工并经检验合格后，应及时做好饰面层。

3.2.2　质量要点

1. 外墙防水工程严禁在雨天、雪天和五级风及以上时施工，施工的环境气温宜为 5～35℃。

2. 外墙防水层的基层找平层应平整、坚实、牢固，不得起砂、起皮、酥松。

3. 外墙相关构造层之间应粘结牢固，并宜进行界面处理。界面处理材料的种类和做法应根据构造层材料和设计要求确定。

4. 防水层的最小厚度应符合设计和规范要求。

5. 变形缝部位应增设合成高分子防水卷材附加层，卷材两端应满粘于墙体，满粘的宽度不应小于150mm，并应钉压固定；卷材收头应用密封材料密封。

6. 外墙防水层完工后，应采取保护措施，不得损坏防水层。

3.2.3 质量验收

1. 主控项目

（1）防水层所用防水涂料及配套材料应符合设计要求。

（2）涂膜防水层不得有渗漏现象。

（3）涂膜防水层在门窗洞口、伸出外墙管道、预埋件及收头等部位的节点做法，应符合设计要求。

2. 一般项目

（1）涂膜防水层的平均厚度应符合设计要求，最小厚度不应小于设计值的80%。

（2）涂膜防水层应与基层粘结牢固，表面平整，涂刷均匀，不得有流淌、褶皱、鼓泡、露胎体和翘边等缺陷。

3.2.4 安全与环保措施

1. 施工机械应符合《建筑机械使用安全技术规程》（JGJ 33—2012）及《施工现场临时用电安全技术规范》（JGJ 46—2005）的有关规定，施工中应定期对其进行检查、维修，保证机械使用安全。

2. 施工人员应经安全技术交底和安全文明施工教育后才可进入工地施工操作，施工现场应加强安全管理，安排专职安全巡逻员，设置黄沙桶、灭火器等消防设备。

3. 落地扣件式钢管脚手架在搭设前必须按照《建筑施工扣件式钢管脚手架安全技术规范》（JGJ 130—2011）进行设计计算，单独编制脚手架专项施工方案，并由项目技术负责人向施工人员和使用人员进行技术交底，其设计计算书与安全措施须经企业技术负责人审批。脚手架搭设人员必须是经过按现行国家标准《特种作业人员安全技术培训考核管理规定》考核合格的专业架子工。

4. 吊篮在使用前，必须经验收，并经荷载试验合格后方可使用。

5. 使用吊篮的作业人员，必须身体健康，无高血压、心脏病等不适合高空作业的疾病。

6. 吊篮上的施工荷载不准超过 $100 kg/m^2$，架体内的料具要对称放量，防止吊篮倾斜，升降时应 2 人同时操作，以保持架体平稳升降。

7. 当天配置的涂料应当天用完，不得随意涂抹、倾倒，不得焚烧。用完的涂料桶应统一回收，不得随意丢弃。清洗工具的污水应统一处理，不得随意排入地下或市政排水系统。

3.3 透气膜防水施工

3.3.1 施工要点

1. 外墙防水工程应按设计要求施工，施工前应编制专项施工方案并进行技术交底。

2. 外墙防水应由相应资质的专业队伍进行施工，作业人员应持证上岗。

3. 防水材料进场时应抽样复验。

4. 每道工序完成后，应经检查合格后再进行下道工序的施工。

5. 外墙防水层施工前，宜先做好节点处理，再进行大面积施工。

6. 防水透气膜施工应符合下列规定：

（1）基层表面应干净、牢固，不得有尖锐凸起物；

（2）铺设宜从外墙底部一侧开始，沿建筑立面自下而上横向铺设，并应顺流水方向搭接；

（3）防水透气膜横向搭接宽度不得小于100mm，纵向搭接宽度不得小于150mm，相邻两幅膜的纵向搭接缝应相互错开，间距不应小于500mm，搭接缝应采用密封胶粘带覆盖密封；

（4）防水透气膜应随铺随固定，固定部位应预先粘贴小块密封胶粘带，用带塑料垫片的塑料锚栓将防水透气膜固定在基层上，固定点每平方米不得少于3处；

（5）铺设在窗洞或其他洞口处的防水透气膜，应以"I"字形裁开，并应用密封胶粘带固定在洞口内侧；与门、窗框连接处应使用配套密封胶粘带满粘密封，四角用密封材料封严；

（6）穿透防水透气膜的连接件周围应用密封胶粘带封严。

3.3.2 质量要点

1. 外墙防水工程严禁在雨天、雪天和五级风及以上时施工，施工的环境气温宜为5～35℃。

2. 每幅透气膜的纵、横向搭接缝均应有足够的搭接宽度，并采用配套胶带覆盖密封，以保证水不会从搭接缝中渗入。

3. 防水透气膜采用带塑料垫片的塑料锚栓固定在基层上，固定锚栓的数量应符合设计要求，固定部位采用丁基胶带密封，以保证固定部位的密封性能。

4. 外墙防水层完工后，应采取保护措施，不得损坏防水层。

3.3.3 质量验收

1. 主控项目

（1）防水透气膜及其配套材料应符合设计要求。

（2）防水透气膜防水层不得有渗漏现象。

（3）防水透气膜在门窗洞口、伸出外墙管道、预埋件及收头等部位的节点做法，应符合设计要求。

2. 一般项目

（1）防水透气膜的铺贴应顺直，与基层应固定牢固，膜表面不得有褶皱、伤痕、破裂等缺陷。

（2）防水透气膜的铺贴方向应正确，纵向搭接缝应错开，搭接宽度的负偏差不应大于 10mm。

（3）防水透气膜的搭接缝应粘结牢固，密封严密；收头应与基层粘结并固定牢固，缝口应封严，不得有翘边现象。

3.3.4 安全与环保措施

1. 施工机械应符合《建筑机械使用安全技术规程》（JGJ 33—2012）及《施工现场临时用电安全技术规范》（JGJ 46—2005）的有关规定，施工中应定期对其进行检查、维修，保证机械使用安全。

2. 施工人员应经安全技术交底和安全文明施工教育后

才可进入工地施工操作，施工现场应加强安全管理，安排专职安全巡逻员，设置黄沙桶、灭火器等消防设备。

3. 落地扣件式钢管脚手架在搭设前必须按照《建筑施工扣件式钢管脚手架安全技术规范》（JGJ 130—2011）进行设计计算，单独编制脚手架专项施工方案，并由项目技术负责人向施工人员和使用人员进行技术交底，其设计计算书与安全措施须经企业技术负责人审批。脚手架搭设人员必须是经过按现行国家标准《特种作业人员安全技术培训考核管理规定》考核合格的专业架子工。

4. 吊篮在使用前，必须经验收，并经荷载试验合格后方可使用。

5. 使用吊篮的作业人员，必须身体健康，无高血压、心脏病等不适合高空作业的疾病。

6. 吊篮上的施工荷载不准超过 100kg/m^2，架体内的料具要对称放置，防止吊篮倾斜，升降时应 2 人同时操作，以保持架体平稳升降。

7. 使用电焊或有明火、高温作业时，应采取措施，严禁电焊火花或高温直接接触防水透气膜。

4 门窗工程

4.1 木门窗安装施工

4.1.1 施工要点

1. 门、窗框安装应在地面和墙面抹灰施工前完成，根据门、窗的规格，按规范要求，确定固定数量。

2. 门、窗扇的安装应按设计确定门、窗扇的开启方向、五金配件型号和安装位置。

3. 门窗小五金的安装必须用木螺钉固定安装，严禁用钉子代替。使用木螺钉时，先用手锤钉入全长的1/3，接着用螺丝刀拧入，铰链距门窗扇上下两端的距离为扇高的1/10，且避开上下冒头，安好后必须灵活，门锁距地面高0.9～1.05m，应错开中冒头和边梃的榫头。门窗拉手应位于门窗扇中线以下，窗拉手距地面1.5～1.6m，窗风钩应装在窗框下冒头与窗扇下冒头夹角处，使窗开启后成90°角，并使上下各层窗扇开启后整齐划一，门插销位于门拉手下边，装窗插销时应先固定插销底板，再关窗打插销压痕，凿孔，打入插销，门扇开启后易碰墙的门，为固定门扇应安装门吸。

4.1.2 质量要点

1. 门、窗洞口墙上预留的木砖或预埋件的数量、距离及牢固程度应符合规范要求，防止由于固定数量不够，预置木砖或预埋件不稳定而造成门、窗框松动。

2. 木门窗合页安装时，木螺钉不应倾斜，遇有木节时，应在木节处钻眼，重新加胶塞入木塞后再拧入木螺钉，防止木螺钉倾斜而造成合页不平。

3. 安装门扇，在掩扇前应先检查门框垂直度，使装扇的上下两个合页轴在一垂直线上，合页与门窗应配套、合适，固定合页的螺钉应安装平直、牢固，防止门扇下坠、开关不灵或自行开关。

4.1.3 质量验收

1. 主控项目

（1）木门窗的木材品种、类型、规格、尺寸、开启方向、安装位置、连接方式及性能应符合设计要求及国家现行标准的有关规定。

（2）木门窗应采用烘干的木材，含水率及饰面质量应符合国家现行标准的有关规定。

（3）木门窗的防火、防腐、防虫处理应符合设计要求。

（4）木门窗框应安装牢固。预埋木砖的防腐处理、木门窗框固定点的数量、位置和固定方法应符合设计要求。

（5）木门窗扇应安装牢固、开关灵活、关闭严密、无倒翘。

（6）木门窗配件的型号、规格和数量应符合设计要求，安装应牢固，位置应正确，功能应满足使用要求。

2. 一般项目

（1）木门窗表面应洁净，不得有刨痕和锤印。

（2）木门窗的割角和拼缝应严密平整。门窗框、扇裁口应顺直，刨面应平整。

（3）木门窗上的槽和孔应边缘整齐，无毛刺。

（4）木门窗与墙体的缝隙应填嵌饱满。严寒和寒冷地区外门窗（门窗框）与砌体间的空隙应填充保温材料。

（5）木门窗批水、盖口条、压缝条和密封条安装应顺直，与门窗结合应牢固、严密。

（6）平开木门窗安装的留缝限值、允许偏差和检验方法应符合表 4-1 的规定。

表 4-1　平开门窗安装的留缝限值、允许偏差和检验方法

项次	项目		留缝限值（mm）	允许偏差（mm）	检验方法
1	门窗框的正、侧面垂直度		—	2	用 1m 垂直检测尺检查
2	框与扇接缝高低差		—	1	用塞尺检查
	扇与扇接缝高低差		—	1	
3	门窗扇对口缝		1～4	—	用塞尺检查
4	工业厂房、围墙双扇大门对口缝		2～7	—	
5	门窗扇与上框间留缝		1～3	—	
6	门窗扇与合页侧框间留缝		1～3	—	
7	室外门扇与锁侧框间留缝		1～3	—	
8	门扇与下框间留缝		3～5	—	用塞尺检查
9	窗扇与下框间留缝		1～3	—	
10	双层门窗内外框间距		—	4	用钢直尺检查
11	无下框时门扇与地面间留缝	室外门	4～7	—	用钢直尺或塞尺检查
		室内门	4～8	—	
		卫生间门		—	
		厂房大门	10～20	—	
		围墙大门		—	

项次	项目		留缝限值（mm）	允许偏差（mm）	检验方法
12	框与扇搭接宽度	门	—	2	用钢直尺检查
		窗	—	1	用钢直尺检查

4.1.4 安全与环保措施

1. 施工机械应符合《建筑机械使用安全技术规程》（JGJ 33—2012）及《施工现场临时用电安全技术规范》（JGJ 46—2005）的有关规定，施工中应定期对其进行检查、维修，保证机械使用安全。

2. 施工机械设备应建立按时保养、保修、检验制度，应选用高效节能电动机，选用噪声标准较低的施工机械、设备，对机械、设备采取必要的消声、隔振和减振措施。施工现场宜充分利用太阳能。

3. 施工人员应经安全技术交底和安全文明施工教育后才可进入工地施工操作，施工现场应加强安全管理，安排专职安全巡逻员，设置黄沙桶、灭火器等消防设备。

4. 落地扣件式钢管脚手架在搭设前必须按照《建筑施工扣件式钢管脚手架安全技术规范》（JGJ 130—2011）进行设计计算，单独编制脚手架专项施工方案，并由项目技术负责人向施工人员和使用人员进行技术交底，其设计计算书与安全措施须经企业技术负责人审批。脚手架搭设人员必须是经过按现行国家标准《特种作业人员安全技术培训考核管理规定》考核合格的专业架子工。

5. 木门的存放应远离火源，平整存放在防潮、通风的仓库中，防止受潮和变形、翘曲。

6. 施工现场应安排专人洒水、清扫。施工现场应建立封闭式垃圾站,并对建筑垃圾按不可再利用垃圾与可再利用垃圾进行分类存放,对可循环利用的建筑垃圾进行再分类,建立相应的项目部台账。

4.2 金属门窗安装施工

4.2.1 施工要点

1. 金属门窗安装方法应根据设计要求和不同产品说明确定,宜采用带副框安装方式。

2. 门、窗的标高应根据设计标高,结合室内标高控制线进行放线,在同一场所的门、窗,要拉通线或用水准仪进行检查,使门、窗安装标高相对一致。

3. 金属门窗固定后,应先进行隐蔽工程验收,合格后及时按设计要求处理门窗框与墙体之间的缝隙。

4. 门窗扇和门窗玻璃应在洞口墙体表面装饰完工后安装,门窗框固定牢固后,将门窗扇安装在框上。

5. 按设计要求选配五金件,配件与门窗连接用镀锌螺钉,安装应结实牢固,使用灵活。

4.2.2 质量要点

1. 金属门窗在搬运、装卸时应轻抬、轻放,各包装件之间应加轻质衬垫,并用木板与车体隔开,绑扎固定牢靠,禁止松动运输,以防止门窗的翘曲、窜角、变形。

2. 金属门窗施工时应贴保护膜进行保护,铝合金门窗严禁用水泥砂浆直接与门窗框接触,以防被污染、腐蚀。

3. 金属窗框与墙体连接处应采用质量合格的防水密封胶,推拉窗应设置排水孔,平开铝合金窗应按设计要求安装披水条，以免因窗缝不严而渗水。

4.2.3　质量验收

1. 主控项目

（1）金属门窗的品种、类型、规格、尺寸、性能、开启方向、安装位置、连接方式及铝合金门窗的型材壁厚应符合设计要求及国家现行标准的有关规定。金属门窗的防雷、防腐处理及填嵌、密封处理应符合设计要求。

（2）金属门窗框和附框的安装应牢固。预埋件及锚固件的数量、位置、埋设方式、与框的连接方式必须符合设计要求。

（3）金属门窗扇应安装牢固、开关灵活、关闭严密、无倒翘。推拉门窗扇应安装防止扇脱落的装置。

（4）金属门窗配件的型号、规格、数量应符合设计要求，安装应牢固，位置应正确，功能应满足使用要求。

2. 一般项目

（1）金属门窗表面应洁净、平整、光滑、色泽一致，应无锈蚀、擦伤、划痕、碰伤。漆膜或保护层应连续。型材的表面处理应符合设计要求及国家现行标准规范的有关规定。

（2）金属门窗推拉门窗扇开关力不应大于50N。

（3）金属门窗框与墙体之间的缝隙应填嵌饱满，并应采用密封胶密封。密封胶表面应光滑、顺直、无裂纹。

（4）金属门窗扇的密封胶条和密封毛条装配应平整、完好，不得脱槽，交角处应平顺。

（5）排水孔应畅通，位置和数量应符合设计要求。

（6）钢门窗安装的留缝限值、允许偏差和检验方法应符合表 4-2 的规定。

表 4-2 钢门窗安装的留缝限值、允许偏差和检验方法

项次	项目		留缝限值 （mm）	允许偏差 （mm）	检验方法
1	门窗槽口宽度、 高度	≤1500mm	—	2	用钢卷尺检查
		>1500mm	—	3	
2	门窗槽口对角 线长度差	≤2000mm	—	3	用钢卷尺检查
		>2000mm	—	4	
3	门窗框的正、侧面垂直度		—	3	用 1m 垂直 检测尺检查
4	门窗横框的水平度		—	3	用 1m 水平尺和 塞尺检查
5	门窗横框标高		—	5	用钢卷尺检查
6	门窗竖向偏离中心		—	4	用钢卷尺检查
7	双层门窗内外框间距		—	5	用钢卷尺检查
8	门窗框、扇配合间隙		≤2	—	用塞尺检查
9	平开门窗框 扇搭接宽度	门	≥6	—	用钢直尺检查
		窗	≥4	—	用钢直尺检查
10	推拉门窗框扇搭接宽度		≥6	—	用钢直尺检查
11	无下框时门扇与地面间留缝		4～8	—	用塞尺检查

（7）铝合金门窗安装的允许偏差和检验方法应符合表 4-3 的规定。

表 4-3 铝合金门窗安装的允许偏差和检验方法

项次	项目		允许偏差 （mm）	检验方法
1	门窗槽口宽度、高度	≤2000mm	2	用钢卷尺检查
		>2000mm	3	

项次	项目		允许偏差 （mm）	检验方法
2	门窗槽口对 角线长度差	≤2500mm	4	用钢卷尺检查
		>2500mm	5	
3	门窗框的正、侧面垂直度		2	用1m垂直检测尺检查
4	门窗横框的水平度		2	用1m水平尺和塞尺检查
5	门窗横框标高		5	用钢卷尺检查
6	门窗竖向偏离中心		5	用钢卷尺检查
7	双层门窗内外框间距		4	用钢卷尺检查
8	推拉门窗扇与 框搭接宽度	门	2	用钢直尺检查
		窗	1	

（8）涂色镀锌钢板门窗安装的允许偏差和检验方法应符合表 4-4 的规定。

表 4-4　涂色镀锌钢板门窗安装的允许偏差和检验方法

项次	项目		允许偏差 （mm）	检验方法
1	门窗槽口宽度、高度	≤1500mm	2	用钢卷尺检查
		>1500mm	3	
2	门窗槽口对角线长度差	≤2000mm	4	用钢卷尺检查
		>2000mm	5	
3	门窗框的正、侧面垂直度		3	用1m垂直检测尺检查
4	门窗横框的水平度		3	用1m水平尺和塞尺检查
5	门窗横框标高		5	用钢卷尺检查
6	门窗竖向偏离中心		5	用钢卷尺检查
7	双层门窗内外框间距		4	用钢卷尺检查
8	推拉门窗扇与框搭接宽度		2	用钢直尺检查

4.2.4 安全与环保措施

1. 施工机械应符合《建筑机械使用安全技术规程》（JGJ 33—2012）及《施工现场临时用电安全技术规范》（JGJ 46—2005）的有关规定，施工中应定期对其进行检查、维修，保证机械使用安全。

2. 施工机械设备应建立按时保养、保修、检验制度，应选用高效节能电动机，选用噪声标准较低的施工机械、设备，对机械、设备采取必要的消声、隔振和减振措施。施工现场宜充分利用太阳能。

3. 施工人员应经安全技术交底和安全文明施工教育后才可进入工地施工操作，施工现场应加强安全管理，安排专职安全巡逻员，设置黄沙桶、灭火器等消防设备。

4. 落地扣件式钢管脚手架在搭设前必须按照《建筑施工扣件式钢管脚手架安全技术规范》（JGJ 130—2011）进行设计计算，单独编制脚手架专项施工方案，并由项目技术负责人向施工人员和使用人员进行技术交底，其设计计算书与安全措施须经企业技术负责人审批。脚手架搭设人员必须是经过按现行国家标准《特种作业人员安全技术培训考核管理规定》考核合格的专业架子工。

5. 建筑施工的材料采购宜就地取材、就近取材，优先采用施工现场500km以内地区生产的建筑建材。

6. 在高处进行电焊作业时应采取遮挡措施，避免电弧光外泄，避免光污染。施工现场场界噪声进行检测和记录，噪声排放不得超过国家标准。施工场地的强噪声设备宜设置在远离居民区的一侧，可采取对强噪声设备进行封闭等降低噪声措施。

7. 施工现场应安排专人洒水、清扫。施工现场应建立封闭式垃圾站，并对建筑垃圾按不可再利用垃圾与可再利用垃圾进行分类存放，对可循环利用的建筑垃圾进行再分类，建立相应的项目部台账。

4.3 塑料门窗安装施工

4.3.1 施工要点

1. 门窗应采用预留洞口法安装，不得采用边安装边砌口或先安装后砌口的施工方法。

2. 门窗及玻璃的安装应在墙体湿作业完工且硬化后进行。

3. 安装前，应清除洞口周围松动的砂浆、浮渣及浮灰，必要时，可先在洞口四周涂刷一层防水聚合物水泥胶浆。

4. 在确定垂直线时，应根据设计要求，从顶层至首层用大线坠或经纬仪吊垂直，检查外立面门、窗洞口位置的准确度，并在墙上弹出垂直线。出现偏差超标时，必须先对其进行处理。同时，在确定水平控制线时，在同一场所的门、窗，要拉通线或水准仪进行检查，使门、窗安装标高相对一致。

5. 门窗位置确定后，先检查门窗预留洞口与待安装框的间隙是否符合要求，否则先进行剔凿处理。其间隙应符合表 4-5 的规定。

表 4-5   门窗洞口与门窗框间隙

墙体饰面材料	洞口与框间隙（mm）
清水墙	10
墙体抹水泥砂浆	15～20
墙外贴面砖	20～25
墙外贴大理石或花岗石板	40～50

6. 门窗安装前，应按照设计要求检查门窗的品种、规格、开启方向、外形等，门窗五金件、密封条、紧固件等应齐全。

7. 为减少热胀冷缩产生的弯曲变形，塑料门窗应采用弹性连接方式的固定片法安装。

8. 门、窗框连接件与墙体之间的连接，混凝土墙体宜采用射钉或塑料膨胀螺栓；砖墙或其他砌体墙，门、窗框连接件直接与墙上预埋件固定，严禁用射钉固定。

9. 安装门时应采取防止门框变形的措施，无下框的平开门应使两边框的下脚深入地坪 30mm，带下框的门应使下框低于地面 10mm。安装时，应先固定上框的一个点，然后调整门框的水平度、垂直度和直角度，并用木楔临时固定。

10. 推拉门窗安装后框扇应无可视变形，门扇关闭应严密，开关应灵活。窗扇与窗框上下搭接量实测值不应小于 6mm，门扇与门框上下搭接量实测值不应小于 8mm。

4.3.2　质量要点

1. 塑料门窗质量应符合国家现行标准《塑料门窗工程技术规程》（JGJ 103—2008）的有关规定，门窗产品应有出厂合格证。

2. 塑料门窗安装时，必须按施工操作工艺进行。施工前一定要划线定位，使塑料门窗上下顺直，左右标高一致。

3. 门、窗框安装时，对于不同材料的墙体，应分别采用相应的固定方法，连接件与门、窗框和墙体应固定牢固，防止门窗框松动。

4. 门、窗安装过程中，要注意调整各螺栓的松紧程度使其基本一致，不应有过松、过紧现象。门、窗框周围间隙填塞软质材料时，应填塞松紧适度，以免门窗框受挤变形。

5. 门窗框扇上若粘有水泥砂浆，应在其硬化前用湿布擦干净，不得用硬质材料铲刮窗框扇表面。

6. 因塑料门窗材质较脆，所以安装时严禁直接锤击钉钉，必须先钻孔，再用自攻螺钉拧入。

7. 塑料门窗在安装过程中及工程验收前，应采取防护措施，不得污损。已装门窗框、扇的洞口，不得再作运料通道。

4.3.3 质量验收

1. 主控项目

（1）塑料门窗的品种、类型、规格、尺寸、开启方向、安装位置、连接方式及填嵌密封处理应符合设计要求及国家现行标准的有关规定，内衬增强型钢的壁厚及设置应符合国家现行产品标准《建筑用塑料门》（GB/T 28886—2012）和《建筑用塑料窗》（GB/T 28887—2012）的规定。

（2）塑料门窗框、附框和扇的安装应牢固。固定片或膨胀螺栓的数量与位置应正确，连接方式应符合设计要求。固定点应距窗角、中横框、中竖框 150～200mm，固定点间距应不大于 600mm。

（3）塑料组合门窗使用的拼樘料截面尺寸及内衬增强型钢的形状和壁厚应符合设计要求，承受风荷载的拼樘料应采用与其内腔紧密吻合的增强型钢作为内衬，其两端应与洞口牢固。窗框应与拼樘料连接紧密，固定点间距应不大于 600mm。

（4）窗框与洞口之间的伸缩缝内应采用聚氨酯发泡胶填充，发泡胶填充应均匀、密实。发泡胶成型后不宜切割。表面应采用密封胶密封。密封胶应粘结牢固，表面应光滑、顺直、无裂纹。

（5）滑撑铰链的安装应牢固，紧固螺钉应使用不锈钢材质。螺钉与框扇连接处应进行防水密封处理。

（6）推拉门窗应安装防止扇脱落的装置。

（7）门窗扇关闭应严密，开关应灵活。

（8）塑料门窗配件的型号、规格和数量应符合设计要求，安装应牢固，位置应正确，使用应灵活，功能应满足各自使用要求。平开窗扇高度大于 900mm 时，窗扇锁闭点不应少于 2 个。

2. 一般项目

（1）安装后的门窗关闭，密封面上的密封条应处于压缩状态，密封层数应符合设计要求。密封条应连续完整，装配后应均匀、牢固，应无脱槽、收缩和虚压等现象；密封条接口应严密，且应位于窗的上方。

（2）塑料门窗扇的开关力应符合下列规定：

1）平开门窗扇平铰链的开关力应不大于 80N；滑撑铰链的开关力应不大于 80N，并不小于 30N。

2）推拉门窗扇的开关力应小于 100N。

（3）门窗表面应洁净、平整、光滑，颜色应均匀一致。可视面应无划痕、碰伤等缺陷，门窗不得有焊角开裂和型材断裂等现象。

（4）旋转窗间隙应均匀。

（5）排水孔应畅通，位置和数量应符合设计要求。

（6）塑料门窗安装的允许偏差和检验方法应符合表 4-6 的规定。

表 4-6　塑料门窗安装的允许偏差和检验方法

项次	项目		允许偏差（mm）	检验方法
1	门、窗框外形（高、宽）尺寸长度差	≤1500mm	2	用钢卷尺检查
		>1500mm	3	

项次	项目		允许偏差（mm）	检验方法
2	门、窗框两对角线长度差	≤2000mm	3	用钢卷尺检查
		>2000mm	5	
3	门、窗框（含拼樘料）正、侧面垂直度		3	用1m垂直检测尺检查
4	门、窗框（含拼樘料）水平度		3	用1m水平尺和塞尺检查
5	门、窗下横框的标高		5	用钢卷尺检查，与基准线比较
6	门、窗竖向偏离中心		5	用钢卷尺检查
7	双层门、窗内外框间距		4	用钢卷尺检查
8	平开门窗及上悬、下悬、中悬窗	门、窗扇与框搭接宽度	2	用深度尺或钢直尺检查
		同樘门、窗相邻扇的水平高度差	2	用靠尺和钢直尺检查
		门、窗框扇四周的配合间隙	1	用楔形塞尺检查
9	推拉门窗	门、窗扇与框搭接宽度	2	用深度尺或钢直尺检查
		门、窗扇与框或相邻扇立边平行度	2	用钢直尺检查
10	组合门窗	平整度	3	用2m靠尺和钢直尺检查
		缝直线度	3	用2m靠尺和钢直尺检查

4.3.4 安全与环保措施

1. 施工机械应符合《建筑机械使用安全技术规程》（JGJ 33—2012）及《施工现场临时用电安全技术规范》（JGJ 46—2005）的有关规定，施工中应定期对其进行检查、维修，保证机械使用安全。

2. 现场高处作业应符合国家现行标准《建筑施工高处作业安全技术规范》（JGJ 80—2016）执行。

3. 安装门窗、玻璃或擦拭玻璃时，严禁手攀窗框、窗扇、窗梃和窗撑。操作时，应系好安全带，且安全带必须有坚固牢靠的挂点，严禁把安全带挂在窗体上。

4. 落地扣件式钢管脚手架在搭设前必须按照《建筑施工扣件式钢管脚手架安全技术规范》（JGJ 130—2011）进行设计计算，单独编制脚手架专项施工方案，并由项目技术负责人向施工人员和使用人员进行技术交底，其设计计算书与安全措施须经企业技术负责人审批。脚手架搭设人员必须是经过按现行国家标准《特种作业人员安全技术培训考核管理规定》考核合格的专业架子工。

5. 建筑施工的材料采购宜就地取材、就近取材，优先采用施工现场 500km 以内地区生产的建筑建材。

6. 在高处进行电焊作业时应采取遮挡措施，避免电弧光外泄，避免光污染。施工现场场界噪声进行检测和记录，噪声排放不得超过国家标准。施工场地的强噪声设备宜设置在远离居民区的一侧，可采取对强噪声设备进行封闭等降低噪声措施。

7. 施工现场成品及辅助材料应堆放整齐、平稳，并应采取防火等安全措施。

4.4 防火、防盗门安装施工

4.4.1 施工要点

1. 将门框用木楔临时固定在洞口内，经校正合格后，固定木楔、门框铁脚与预埋铁板焊牢。

2. 根据门的安装说明安装插销、闭门器、顺序器、门锁及拉手等五金件。闭门器安装在门开启方向一面的门扇顶端，斜撑杆固定端安装在门框上，并调节闭门器的闭门速度。拉手和防火锁安装高度通常为距地面 950～1000mm，对开门扇锁要装在盖口扇（一般为右扇或大扇）上，对开门必须安装顺序器。

4.4.2 质量要点

1. 防火、防盗门掩前必须先认真检查门框是否垂直，如有问题应修正，以使上、下几个合页轴在同一垂直线上，保证五金配套合适，螺钉安装平直，门扇正式安装前应先调整缝隙，然后固定安装，防止门扇开、关不灵活。

2. 防火、防盗门安装前认真检查，发现变形、脱焊等现象应予以更换；搬运时要轻拿轻放，运输堆放时要竖直放置，防止框扇翘曲变形，闭合不严。

3. 钢质门在安装前应检查其防锈漆，搬运、安装时应避免损伤漆面，如有破损应及时补刷防锈漆再涂刷面漆，避免钢质门返锈。

4.4.3 质量验收

1. 主控项目

（1）防火、防盗门的质量和各项性能应符合设计要求。

（2）防火、防盗门的品种、类型、规格、尺寸、开启方向、安装位置及防腐处理应符合设计要求。

（3）带有机械装置、自动装置或智能装置的防火、防盗门，其机械装置、自动装置或智能化装置的功能应符合实际要求和有关标准的规定。

（4）防火、防盗门的安装必须牢固。预埋件的数量、位置、埋设方式、与框的连接方式必须符合设计要求。

（5）防火、防盗门的配件应齐全，位置应正确，安装应牢固，功能应满足使用要求和防火、防盗门的各项性能要求。

2．一般项目

（1）防火、防盗门的表面装饰应符合设计要求。

（2）防火、防盗门的表面应洁净，无划痕、碰伤。

（3）钢质防火、防盗门的门框内灌入的豆石混凝土或砂浆应饱满。门框与墙之间的缝隙填塞应密实。

（4）门扇关闭应严密，开关应灵活。密封条接头和角部连接无缝隙。

（5）五金安装槽口深浅应一致，边缘应整齐，尺寸与五金件应吻合，螺钉头应卧平。

（6）木质防火、防盗门安装的留缝限值、允许偏差和检验方法见表 4-7。

表 4-7 木质防火、防盗门安装的留缝限值、允许偏差和检验方法

项目	留缝限值（mm）	允许偏差（mm）国标	检验方法
框的对角线长度差	—	2	用钢尺检查内外角
框的正、侧面垂直度	—	2	用 1m 垂直检测尺检查
框与扇、扇与扇接触处高低差	—	2	用钢直尺和楔形塞尺检查

项目	留缝限值（mm）	允许偏差（mm）国标	检验方法
门扇对口缝宽度	1.0～2.5	—	用楔形塞尺检查
门扇与上框间留缝宽度	1～2	—	用楔形塞尺检查
门扇与侧框留缝	1～2.5	—	用楔形塞尺检查
门扇与下框间留缝	3～5	—	用楔形塞尺检查
无框门扇与地面的留缝宽度	5～8	—	用楔形塞尺检查

（7）钢质防火、防盗门安装的留缝限值、允许偏差和检验方法见表 4-8。

表 4-8　钢质防火、防盗门安装的留缝限值、允许偏差和检验方法

项目	留缝限值（mm）	允许偏差（mm）国标	检验方法
框的正、侧面垂直度	—	3	用 1m 垂直检测尺检查
框的对角线长度差	—	5	用钢尺检查内外角
门横框的水平度	—	3	用 1m 水平和塞尺检查
门横框标高	—	5	用钢尺检查
门扇与框间留缝	≤2	—	用楔形塞尺检查
门扇与地面的留缝宽度	4～8	—	用楔形塞尺检查

4.4.4　安全与环保措施

1. 施工机械应符合《建筑机械使用安全技术规程》（JGJ 33—2012）及《施工现场临时用电安全技术规范》（JGJ 46—2005）的有关规定，施工中应定期对其进行检查、维修，保证机械使用安全。

2. 施工机械设备应建立按时保养、保修、检验制度，应选用高效节能电动机，选用噪声标准较低的施工机械、设备，对机械、设备采取必要的消声、隔振和减振措施。施工现场宜充分利用太阳能。

3. 施工人员应经安全技术交底和安全文明施工教育后才可进入工地施工操作，施工现场应加强安全管理，安排专职安全巡逻员，设置黄沙桶、灭火器等消防设备。

4. 落地扣件式钢管脚手架在搭设前必须按照《建筑施工扣件式钢管脚手架安全技术规范》(JGJ 130—2011)进行设计计算，单独编制脚手架专项施工方案，并由项目技术负责人向施工人员和使用人员进行技术交底，其设计计算书与安全措施须经企业技术负责人审批。脚手架搭设人员必须是经过按现行国家标准《特种作业人员安全技术培训考核管理规定》考核合格的专业架子工。

5. 建筑施工的材料采购宜就地取材、就近取材，优先采用施工现场 500km 以内地区生产的建筑建材。

6. 在高处进行电焊作业时应采取遮挡措施，避免电弧光外泄，避免光污染。施工现场场界噪声进行检测和记录，噪声排放不得超过国家标准。施工场地的强噪声设备宜设置在远离居民区的一侧，可采取对强噪声设备进行封闭等降低噪声措施。

7. 施工现场应安排专人洒水、清扫。施工现场应建立封闭式垃圾站，并对建筑垃圾按不可再利用垃圾与可再利用垃圾进行分类存放，对可循环利用的建筑垃圾进行再分类，建立相应的项目部台账。

4.5 全玻门安装施工

4.5.1 施工要点

1. 固定底托、不锈钢（或铜）饰面的木底托，可用木楔加钉的方法固定于地面，然后用万能胶将不锈钢饰面板粘卡在木方上。如果是采用铝合金方管，可用铝角将其固定在框柱上，或用木螺钉固定于地面埋入的木楔上。

2. 安装玻璃板时用玻璃吸盘将玻璃板吸紧，然后进行玻璃就位。先把玻璃板上边插入门框底部的限位槽内，然后将其下边安放于木底托上的不锈钢包面对口缝内。在底托上固定玻璃板的方法为：在底托木方上钉木条板，距玻璃板面4mm左右；然后在木板条上涂刷万能胶，将饰面不锈钢板片粘卡在木方上。

3. 安装五金件时按照图纸要求的位置、尺寸，将拉手、门牌、饰物等安装到玻璃门上。拉手安装需事先开好安装孔，门牌、饰物等可以用粘贴方法安装，安装门拉手和五金件时，安装前应在拉手或五金件需插入玻璃的部位，涂少量玻璃胶，安装时应与玻璃贴紧密后，再紧固螺钉，以保证拉手或五金件不出现松动现象。

4.5.2 质量要点

1. 全玻门安装时，门洞口尺寸和玻璃切割尺寸必须测量准确，防止安装时造成缝隙不合适。

2. 安装全玻门、五金件前，各预留坑、槽内的杂物必须清理干净，避免出现安装不平、不稳、不牢等现象。

3. 门扇就位安装时，宜先将门顶铰的门轴调出 1～2mm，再将玻璃门扇竖起来安装，将地弹簧的转动轴插入下框的轴孔时，注意定位面必须对正，否则无法插入，甚至损坏转轴或轴孔。

4.5.3 质量验收

1. 主控项目

（1）全玻门的质量和各项性能应符合设计要求。

（2）全玻门的品种、类型、规格、尺寸、开启方向、安装位置及表面处理应符合设计要求。

（3）全玻门的安装必须牢固，固定玻璃门的五金件、预埋件的数量、位置、埋设方式、与框的连接方式必须符合设计要求。

（4）全玻门的配件应齐全，位置应正确，安装应牢固，功能应满足使用要求和玻璃门的各项性能要求。

2. 一般项目

（1）全玻门的表面装饰应符合设计要求。

（2）全玻门的表面应洁净，无划痕、碰伤。

（3）全玻门打胶应饱满、粘结应牢固；玻璃胶边缘与裁口应平齐。

（4）门扇关闭后四周缝隙均匀，开关应灵活。

（5）五金安装应整齐、一致，安装牢固。螺钉与五金件应吻合、配套，螺钉头装饰帽配齐装牢。

（6）全玻门安装的缝隙限值、允许偏差和检验方法见表4-9。

表4-9 全玻门安装的缝隙限值、允许偏差和检验方法

项目	留缝限值（mm）	允许偏差（mm）	检验方法
顶铰、地弹簧心线垂直度	—	—	吊线、用垂直检测尺检查

项目	留缝限值 （mm）	允许偏差 （mm）	检验方法
顶铰、地弹簧心偏差	—	—	吊线、用垂直检测尺、钢尺检查
门扇四周的留缝值	2～5	—	用钢直尺和楔形塞尺检查
门扇与地面间的留缝值	4～8	—	用楔形塞尺检查
门扇与四周玻璃隔壁的不平度	1～3	—	用楔形塞尺检查

4.5.4 安全与环保措施

1. 施工机械应符合《建筑机械使用安全技术规程》（JGJ 33—2012）及《施工现场临时用电安全技术规范》（JGJ 46—2005）的有关规定，施工中应定期对其进行检查、维修，保证机械使用安全。

2. 施工机械设备应建立按时保养、保修、检验制度，应选用高效节能电动机，选用噪声标准较低的施工机械、设备，对机械、设备采取必要的消声、隔振和减振措施。施工现场宜充分利用太阳能。

3. 施工人员应经安全技术交底和安全文明施工教育后才可进入工地施工操作，施工现场应加强安全管理，安排专职安全巡逻员，设置黄沙桶、灭火器等消防设备。

4. 脚手架应在搭设编制脚手架专项施工方案，并由项目技术负责人向施工人员和使用人员进行技术交底，其设计计算书与安全措施须经企业技术负责人审批。脚手架搭设人员必须是经过按现行国家标准《特种作业人员安全技术培训考核管理规定》考核合格的专业架子工。

5. 建筑施工的材料采购宜就地取材、就近取材，优先采用施工现场 500km 以内地区生产的建筑建材。

6. 在高处进行电焊作业时应采取遮挡措施，避免电弧光外泄，避免光污染。施工现场场界噪声进行检测和记录，噪声排放不得超过国家标准。施工场地的强噪声设备宜设置在远离居民区的一侧，可采取对强噪声设备进行封闭等降低噪声措施。

7. 施工现场应安排专人洒水、清扫。施工现场应建立封闭式垃圾站，并对建筑垃圾按不可再利用垃圾与可再利用垃圾进行分类存放，对可循环利用的建筑垃圾进行再分类，建立相应的项目部台账。

5 顶棚工程

5.1 整体面层顶棚施工

5.1.1 施工要点

1. 按顶棚平面图，在混凝土顶板弹出主龙骨的位置。主龙骨应从顶棚中心向两边分，最大间距为 1000mm，并标出吊杆的固定点，吊杆的固定点间距 800～1000mm，如遇到梁和管道固定点大于设计和规程要求，应增加吊杆的固定点。

2. 采用膨胀螺栓固定吊挂杆件，吊杆长度如果大于 1500mm，还必须设置反向支撑。

3. 吊挂杆件应通直并有足够的承载能力。当预埋的杆件需要接长时，必须搭接焊牢，焊缝要均匀饱满，吊杆距主龙骨端部不得超过 300mm，否则应增加吊杆，顶棚灯具、风口及检修口等应设附加杆件。

4. 主龙骨宜平行房间长向安装，同时应起拱，起拱高度为房间高度的 1/200～1/300。

5. 顶棚如设检修走道，应另设附加吊挂系统。

6. 次龙骨应紧贴主龙骨安装，次龙骨间距 300～400mm，用专用连接件把次龙骨固定在主龙骨上，次龙骨的两端应搭花 L 形边龙骨的水平翼缘上，顶棚灯具、风口及检修口等应设附加吊杆和补强龙骨。

7. 顶棚罩面板常用板材有纸面石膏板、埃特板、防潮板等，选用板材应考虑牢固可靠，装饰效果好，便于施工和维修，也要考虑质量轻、防火、吸声、隔热、保温等要求。

5.1.2 质量要点

1. 若遇到较大设备或通风管道，吊杆间距大于 1200mm 时，宜采用型钢扁担来满足吊杆间距。

2. 顶棚上的灯具、风口及检修口和其他设备，应设独立吊杆安装，不得固定在龙骨吊杆上。

3. 相邻两根龙骨接头要相互错开，不得放在同一吊杆档内。

4. 石膏板为罩面板时，其长边应沿次龙骨铺设方向安装，自攻螺丝距板的未切割边为 10～15mm，距切割边 15～20mm，板周边钉间距为 150～170mm，板中钉间距不大于 250mm。

5. 石膏板为罩面板时，转角处应用"L"形板安装。

5.1.3 质量验收

1. 主控项目

（1）顶棚标高、尺寸、起拱和造型应符合设计要求。

（2）饰面材料的材质、品种、规格、图案、颜色和性能应符合设计要求及国家现行标准的有关规定。

（3）整体面层顶棚工程的吊杆、龙骨和面板的安装应牢固。

（4）吊杆、龙骨的材质、规格、安装间距及连接方式应符合设计要求。金属吊杆和龙骨应经过表面防腐处理；木龙骨应进行防腐、防火处理。

（5）石膏板、水泥纤维板的接缝应按其施工工艺标准进行板缝防裂处理。安装双层板时，面层板与基层板的接缝应错开，并不得在同一根龙骨上接缝。

2. 一般项目

（1）面层材料表面应洁净、色泽一致，不得有翘曲、裂缝及缺损。压条应平直、宽窄一致。

（2）面板上的灯具、烟感器、喷淋头、风口算子和检修口等设备的位置应合理、美观，与面板的交接应吻合、严密。

（3）金属龙骨的接缝应均匀一致，角缝应吻合，表面应平整，应无翘曲和锤印。木质龙骨应顺直，应无劈裂和变形。

（4）顶棚内填充吸声材料的品种和铺设厚度应符合设计要求，并应有防散落措施。

（5）整体面层顶棚工程安装的允许偏差和检验方法应符合表 5-1 的规定。

表 5-1　整体面层顶棚工程安装的允许偏差和检验方法

项次	项目	允许偏差（mm）	检验方法
1	表面平整度	3	用 2m 靠尺和塞尺检查
2	缝格、凹槽直线度	3	拉 5m 线，不足 5m 拉通线，用钢直尺检查

5.1.4　安全与环保措施

1. 施工机械应符合《建筑机械使用安全技术规程》（JGJ 33—2012）及《施工现场临时用电安全技术规范》（JGJ 46—2005）的有关规定，施工中应定期对其进行检查、维修，保证机械使用安全。

2. 施工机械设备应建立按时保养、保修、检验制度，应选用高效节能电动机，选用噪声标准较低的施工机械、设备，对机械、设备采取必要的消声、隔振和减振措施。施工现场宜充分利用太阳能。

3. 施工人员应经安全技术交底和安全文明施工教育后才可进入工地施工操作，施工现场应加强安全管理，安排专职安全巡逻员，设置黄沙桶、灭火器等消防设备。施工现场应安排专人洒水、清扫。

4. 电、气焊作业前应取得动火证，施工作业时，应有防火措施和专人看管；工地临时用电线路的架设及脚手架接地、避雷措施等应按现行标准规定执行。施工操作中，工具要随手放入工具袋内，上下传递材料或工具时不得抛掷。

5. 施工现场场界噪声进行检测和记录，噪声排放不得超过国家标准。施工场地的强噪声设备宜设置在远离居民区的一侧，可采取对强噪声设备进行封闭等降低噪声措施。

6. 施工现场应建立封闭式垃圾站，并对建筑垃圾按不可再利用垃圾与可再利用垃圾进行分类存放，对可循环利用的建筑垃圾进行再分类，建立相应的项目部台账。

7. 脚手架在搭设前编制脚手架专项施工方案，经企业内部审批后，再由项目技术负责人向作业人员和使用人员进行技术交底。脚手架搭设人员必须是经过按《特种作业人员安全技术培训考核管理规定》考核合格的作业架子工。

5.2 板块面层顶棚施工

5.2.1 施工要点

1. 主龙骨应从顶棚中心向两边分，最大间距为1000mm，并标出吊杆的固定点，吊杆的固定点间距800～

1000mm，如遇到梁和管道固定点大于设计和规程要求，应增加吊杆的固定点。

2．采用膨胀螺栓固定吊挂杆件，吊杆长度如果大于1500mm，还必须设置反向支撑。

3．吊杆距主龙骨端部不得超过 300mm，否则应增加吊杆，顶棚灯具、风口及检修口等应设附加杆件。

4．根据饰面板材的规格来确定撑档龙骨的间距，用专用卡扣件将撑档龙骨与次龙骨固定牢固。

5．安装饰面板时从房间中间次龙骨的一端开始装第一块，将饰面板放在两侧 T 形次龙骨的翼缘上，然后装上外侧的撑档龙骨，并挤紧卡住。

6．饰面板与四周墙面和各种孔洞的交界部位，应按设计要求或采用与饰面板材质相适应的阴角线或收口条收口。

5.2.2　质量要点

1．顶棚跨度大于 15m 时，应在主龙骨上每隔 15m 垂直主龙骨加装一道大龙骨，连接牢固。

2．有较大造型的顶棚，造型部分应形成自己的框架，用吊杆直接与顶板进行吊挂连接。

3．大型灯具及其他专业设备严禁直接安装在顶棚龙骨上。

4．饰面板上的灯具、烟感探头、喷淋头等设备放在板块的中心位置。风口、检修口尺寸应与饰面板规格配套，布置合理、美观，与饰面板交接处严密、吻合。

5.2.3　质量验收

1．主控项目

（1）顶棚标高、尺寸、起拱和造型应符合设计要求。

（2）面层材料的材质、品种、规格、图案、颜色和性能应符合设计要求及国家现行标准的有关规定。

（3）面板的安装应稳固严密，面板与龙骨的搭接应大于龙骨受力面宽度的 2/3。

（4）吊杆和龙骨的材质、规格、安装间距及连接方式应符合设计要求。金属吊杆和龙骨应进行表面防腐处理；木龙骨应进行防腐、防火处理。

（5）板块面层顶棚工程的吊杆和龙骨安装应牢固。

2．一般项目

（1）面层材料表面应洁净、色泽一致，不得有翘曲、裂缝及缺损。面板与龙骨的搭接应平整、吻合，压条应平直、宽窄一致。

（2）面板上的灯具、烟感器、喷淋头、风口算子和检修口等设备的位置应合理、美观，与面板的交接应吻合、严密。

（3）金属龙骨的接缝应均匀一致，角缝应吻合，表面应平整，应无翘曲和锤印。木质龙骨应顺直，应无劈裂和变形。

（4）顶棚内填充吸声材料的品种和铺设厚度应符合设计要求，并应有防散落措施。

（5）板块面层顶棚工程安装的允许偏差和检验方法应符合表 5-2 的规定。

表 5-2　板块面层顶棚工程安装的允许偏差和检验方法

项次	项目	允许偏差（mm）				检验方法
		石膏板	金属板	矿棉板	木板、塑料板、玻璃板、复合板	
1	表面平整度	3	2	3	3	用2m靠尺和塞尺检查

90

项次	项目	允许偏差（mm）				检验方法
		石膏板	金属板	矿棉板	木板、塑料板、玻璃板、复合板	
2	接缝直线度	3	2	3	3	拉5m线，不足5m拉通线，用钢直尺检查
3	接缝高低差	1	1	2	1	用钢直尺和塞尺检查

5.2.4 安全与环保措施

1. 施工机械应符合《建筑机械使用安全技术规程》（JGJ 33—2012）及《施工现场临时用电安全技术规范》（JGJ 46—2005）的有关规定，施工中应定期对其进行检查、维修，保证机械使用安全。

2. 施工机械设备应建立按时保养、保修、检验制度，应选用高效节能电动机，选用噪声标准较低的施工机械、设备，对机械、设备采取必要的消声、隔振和减振措施。施工现场宜充分利用太阳能。

3. 施工人员应经安全技术交底和安全文明施工教育后才可进入工地施工操作，施工现场应加强安全管理，安排专职安全巡逻员，设置黄沙桶、灭火器等消防设备。施工现场应安排专人洒水、清扫。

4. 电、气焊作业前应取得动火证，施工作业时，应有防火措施和专人看管；工地临时用电线路的架设及脚手架接地、避雷措施等应按现行标准规定执行。施工操作中，工具要随手放入工具袋内，上下传递材料或工具时不得抛掷。

5. 施工现场场界噪声进行检测和记录，噪声排放不得超过国家标准。施工场地的强噪声设备宜设置在远离居民区的一侧，可采取对强噪声设备进行封闭等降低噪声措施。

6. 施工现场应建立封闭式垃圾站，并对建筑垃圾按不可再利用垃圾与可再利用垃圾进行分类存放，对可循环利用的建筑垃圾进行再分类，建立相应的项目部台账。

7. 钢管脚手架搭设应符合《建筑施工扣件式钢管脚手架安全技术规范》（JGJ 130—2011）等相关规范的规定，并在搭设前编制脚手架专项施工方案，经企业内部审批后，再由项目技术负责人向作业人员和使用人员进行技术交底。脚手架搭设人员必须是经过按《特种作业人员安全技术培训考核管理规定》考核合格的作业架子工。

5.3 格栅顶棚施工

5.3.1 施工要点

1. 吊杆的间距应依据格栅的材质重量而定，一般为900～1500mm，遇有大型设备或风管，间距较大时，宜采用型钢扁担来满足吊杆间距。

2. 采用膨胀螺栓固定吊挂杆件，吊杆长度如果大于1500mm，还必须设置反向支撑。

3. 格栅安装前应按设计大样图将格栅组装好，安装时一般使用专用卡挂件将格栅卡挂到承载龙骨上，并应随安装随将格栅的底标高调平。

4. 无骨架格栅安装时将铝合金格栅板按设计要求在地面上拼装成整体块，其纵、横尺寸不宜大于1500mm，拼装时应使格栅板的底边在同一水平面上，不得有高低差。

5.3.2 质量要点

1. 格栅吊杆及骨架应安装在主体结构上，不得固定在顶棚内各种管线、设备上。

2. 安装前应对格栅板进行质量检查，避免因规格、颜色不一造成格栅缝隙不匀、不直，板块之间色差明显的质量弊病。

5.3.3 质量验收

1. 主控项目

（1）顶棚标高、尺寸、起拱和造型应符合设计要求及国家现行标准的有关规定。

（2）格栅的材质、品种、规格、图案、颜色和性能应符合设计要求。

（3）吊杆和龙骨的材质、规格、安装间距及连接方式应符合设计要求。金属吊杆、龙骨应经过表面防腐处理；木龙骨应进行防腐、防火处理。

（4）格栅顶棚工程的吊杆、龙骨和格栅的安装应牢固。

2. 一般项目

（1）格栅表面应洁净、色泽一致，不得有翘曲、裂缝及缺损。栅条角度应一致，边缘应整齐，接口应无错位。压条应平直、宽窄一致。

（2）顶棚的灯具、烟感器、喷淋头、风口箅子和检修口等设备的位置应合理、美观，与格栅的套割交接处应吻合、严密。

（3）金属龙骨的接缝应平整、吻合、颜色一致，不得有划伤和擦伤等表面缺陷。木龙骨应平整、顺直，应无劈裂。

（4）顶棚内填充吸声材料的品种和铺设厚度应符合设计要求，并应有防散落措施。

（5）格栅顶棚内楼板、管线设备等表面处理应符合设计要求，顶棚内各种设备管线布置应合理、美观。

（6）格栅顶棚工程安装的允许偏差和检验方法应符合表 5-3 的规定。

表 5-3　格栅顶棚工程安装的允许偏差和检验方法

项次	项目	允许偏差（mm）		检验方法
		金属格栅	木格栅、塑料格栅、复合材料格栅	
1	表面平整度	2	3	用 2m 靠尺和塞尺检查
2	格栅直线度	2	3	拉 5m 线，不足 5m 拉通线，用钢直尺检查

5.3.4　安全与环保措施

1. 施工机械应符合《建筑机械使用安全技术规程》（JGJ 33—2012）及《施工现场临时用电安全技术规范》（JGJ 46—2005）的有关规定，施工中应定期对其进行检查、维修，保证机械使用安全。

2. 施工机械设备应建立按时保养、保修、检验制度，应选用高效节能电动机，选用噪声标准较低的施工机械、设备，对机械、设备采取必要的消声、隔振和减振措施。施工现场宜充分利用太阳能。

3. 施工人员应经安全技术交底和安全文明施工教育后才可进入工地施工操作，施工现场应加强安全管理，安排专职安全巡逻员，设置黄沙桶、灭火器等消防设备。施工现场应安排专人洒水、清扫。

4. 电、气焊作业前应取得动火证，施工作业时，应有防火措施和专人看管；工地临时用电线路的架设及脚手架接地、避雷措施等应按现行标准规定执行。施工操作中，工具要随手放入工具袋内，上下传递材料或工具时不得抛掷。

5. 施工现场场界噪声进行检测和记录，噪声排放不得超过国家标准。施工场地的强噪声设备宜设置在远离居民区的一侧，可采取对强噪声设备进行封闭等降低噪声措施。

6. 施工现场应建立封闭式垃圾站，并对建筑垃圾按不可再利用垃圾与可再利用垃圾进行分类存放，对可循环利用的建筑垃圾进行再分类，建立相应的项目部台账。

7. 钢管脚手架搭设应符合《建筑施工扣件式钢管脚手架安全技术规范》(JGJ 130—2011)等相关规范的规定，并在搭设前编制脚手架专项施工方案，经企业内部审批后，再由项目技术负责人向作业人员和使用人员进行技术交底。脚手架搭设人员必须是经过按《特种作业人员安全技术培训考核管理规定》考核合格的作业架子工。

6 轻质隔墙工程

6.1 轻钢龙骨石膏板隔墙施工

6.1.1 施工要点

1. 安装顶龙骨和地龙骨时一般用金属膨胀螺栓固定于主体结构上，其固定间距不大于 600mm。

2. 隔墙的门窗框安装并临时固定，在门窗框边缘安装加强龙骨，加强龙骨通常采用对扣轻钢竖龙骨或镀锌方管。

3. 按门窗位置进行竖龙骨分档，根据板宽不同，竖龙骨中心距尺寸一般为 453mm、603mm，分档存在不足模数板块时，应避开门窗框边第一块的位置，使破边石膏板不再靠近门窗边框处。

4. 根据设计要求布置横向龙骨，采用贯通式横向龙骨时，若高度小于 3m 应不少于一道，3～5m 之间设两道，大于 5m 设三道横向龙骨，与竖向龙骨采用抽芯铆钉固定。

5. 安装墙体内水、电管线和设备时，应避免切断横、竖向龙骨，同时避免在沿墙下端设置管线。要求固定牢固，并采取局部加强措施。

6. 安装石膏板应从门口处开始，无门洞口的墙体由墙的一端开始，石膏板宜竖向铺设，长边接缝宜落在竖向龙骨上，曲线墙石膏板宜横向铺设，门窗口两侧应用"L"形板。

7. 安装墙体内防火、隔声、防潮填充材料，与另一侧石膏板同时进行安装填入，填充材料应铺满、铺平。

8. 若采用双层石膏板墙面安装，第二层板的接缝应于第一层接缝错开，不能与第一层接缝落在同一龙骨上。

9. 刮嵌腻子前，将接缝内清除干净，固定石膏板的螺钉帽进行防锈处理。

10. 墙面、柱面和门口的阳角应按设计要求做护角，阳角处应粘贴两层玻璃纤维布，角两边均拐过 100mm，表面用腻子刮平。

6.1.2　质量要点

1. 门窗口处罩面板应用 L 形板，防止门窗口上角出现裂缝。

2. 轻钢龙骨隔墙与顶棚及其他墙体的交接处应采取防开裂措施。

3. 隔墙周边应留 3mm 的空隙，做打胶或柔性材料填塞处理，可避免因温度和湿度影响造成墙边变形裂缝。

4. 超长墙体（超过 12m）应按照设计要求设置变形缝，防止墙体变形和裂缝。

6.1.3　质量验收

1. 主控项目

（1）骨架隔墙所用龙骨、配件、墙面板、填充材料及嵌缝材料的品种、规格、性能和木材的含水率应符合设计要求。有隔声、隔热、阻燃和防潮等特殊要求的工程，材料应有相应性能等级的检测报告。

（2）骨架隔墙地梁所用材料、尺寸及位置等应符合设计要求。骨架隔墙的沿地、沿顶及边框龙骨应与基体结构连接牢固。

（3）骨架隔墙中龙骨间距和构造连接方法应设计要求。骨架内设备管线的安装、门窗洞口等部位加强龙骨的安装应牢固、位置正确，填充材料的品种、厚度及设置应符合设计要求。

（4）木龙骨及木墙面板的防火和防腐处理应符合设计要求。

（5）骨架隔墙的墙面板应安装牢固，无脱层、翘曲、折裂及缺损。

（6）墙面板所用接缝材料的接缝方法应符合设计要求。

2. 一般项目

（1）骨架隔墙表面应平整光滑、色泽一致、洁净、无裂缝，接缝应均匀、顺直。

（2）骨架隔墙上的孔洞、槽、盒应位置正确、套割吻合、边缘整齐。

（3）骨架隔墙内的填充材料应干燥，填充应密实、均匀、无下坠。

（4）骨架隔墙安装的允许偏差和检验方法应符合表 6-1 的规定。

表 6-1　骨架隔墙安装的允许偏差和检验方法

项次	项目	允许偏差（mm）		检验方法
		纸面石膏板	人造木板、水泥纤维板	
1	立面垂直度	3	4	用 2m 垂直检测尺检查
2	表面平整度	3	3	用 2m 靠尺和塞尺检查
3	阴阳角方正	3	3	用 200mm 直角检测尺检查

项次	项目	允许偏差（mm）		检验方法
		纸面石膏板	人造木板、水泥纤维板	
4	接缝直线度	—	3	拉 5m 线，不足 5m，拉通线用钢直尺检查
5	压条直线度	—	3	拉 5m 线，不足 5m，拉通线用钢直尺检查
6	接缝高低差	1	1	用钢直尺和塞尺检查

6.1.4 安全与环保措施

1. 施工机械应符合《建筑机械使用安全技术规程》（JGJ 33—2012）及《施工现场临时用电安全技术规范》（JGJ 46—2005）的有关规定，施工中应定期对其进行检查、维修，保证机械使用安全。

2. 施工机械设备应建立按时保养、保修、检验制度，应选用高效节能电动机，选用噪声标准较低的施工机械、设备，对机械、设备采取必要的消声、隔振和减振措施。施工现场宜充分利用太阳能。

3. 施工人员应经安全技术交底和安全文明施工教育后才可进入工地施工操作，施工现场应加强安全管理，安排专职安全巡逻员，设置黄沙桶、灭火器等消防设备。施工现场应安排专人洒水、清扫。

4. 电、气焊作业前应取得动火证，施工作业时，应有防火措施和专人看管；工地临时用电线路的架设及脚手架接地、避雷措施等应按现行标准规定执行。施工操作中，工具要随手放入工具袋内，上下传递材料或工具时不得抛掷。

5. 施工现场场界噪声进行检测和记录，噪声排放不得超过国家标准。施工场地的强噪声设备宜设置在远离居民区的一侧，可采取对强噪声设备进行封闭等降低噪声措施。

6. 施工现场应建立封闭式垃圾站，并对建筑垃圾按不可再利用垃圾与可再利用垃圾进行分类存放，对可循环利用的建筑垃圾进行再分类，建立相应的项目部台账。

7. 落地扣件式钢管脚手架搭设应符合《建筑施工扣件式钢管脚手架安全技术规范》（JGJ 130）规定，脚手架作业层上的施工荷载应符合设计要求，不得超载，脚手架的安全检查与维护，应按规定进行，安全网应按有关规定搭设或拆除。

6.2 玻璃隔墙施工

6.2.1 施工要点

1. 玻璃隔墙安装施工前，应根据设计要求进行测量放线，测出基层面的标高、玻璃墙中心轴线及细部尺寸，并根据实际尺寸和板块排版绘制玻璃板块加工图，落实预加工。

2. 根据设计图纸的要求，安装天地龙骨、边龙骨以及主次龙骨并固定。槽内应垫底胶带，所有非不锈钢件涂刷防锈漆。

3. 玻璃板块按照深化排版图在专业厂家加工完成后，运至工地用玻璃安装机或托运吸盘将玻璃块安放在安装槽内，调平后用塑料块塞紧并固定。

4. 玻璃全部就位后，校正平整度、垂直度，同时用泡沫嵌条嵌入槽口内使玻璃与金属槽接合平服、紧密，然后打胶封闭收口。

5. 根据设计要求选用各种规格材质的压条，将压条用直钉或玻璃胶固定在次龙骨上。如设计无要求，可以根据需要选用 10mm×12mm 木压条、10mm×10mm 的铝压条或 10mm×20mm 不锈钢压条。

6.2.2　质量要点

1. 隔断龙骨必须牢固、平整。受力节点应装订严密、牢固，保证龙骨的整体刚度，龙骨的尺寸应符合设计要求。

2. 压条应平顺光滑，线条整齐，接缝密合。

3. 隔断面层必须平整；施工前应弹线。龙骨安装完毕，应经检查合格后再安装饰面板。配件必须安装牢固，严禁松动变形。龙骨分格的几何尺寸必须符合设计要求和饰面板块的模数。饰面板的规格符合设计要求，外观质量必须符合材料技术标准的规定。

6.2.3　质量验收

1. 主控项目

（1）玻璃隔墙工程所用材料的品种、规格、性能、图案和颜色应符合设计要求，玻璃板隔墙应使用安全玻璃。

（2）玻璃板安装及玻璃砖砌筑方法应符合设计要求。

（3）有框玻璃板隔墙的受力杆件应与基体结构连接牢固，玻璃板安装橡胶垫位置应正确。玻璃板安装应牢固，受力应均匀。

（4）无框玻璃板隔墙的受力杆件应与基体结构连接牢固，爪件的数量、位置应正确，爪件与玻璃板的连接应牢固。

（5）玻璃门与玻璃墙板的连接、地弹簧的安装位置应符合设计要求。

（6）玻璃砖隔墙砌筑中埋设的拉结筋应与基体结构连接牢固，数量、位置应正确。

2. 一般项目

（1）玻璃隔墙表面应色泽一致、平整洁净、清晰美观。

（2）玻璃隔墙接缝应横平竖直，玻璃应无裂痕、缺损和划痕。

（3）玻璃板隔墙嵌缝及玻璃砖隔墙勾缝应密实平整、均匀顺直、深浅一致。

（4）玻璃隔墙安装的允许偏差和检验方法应符合表 6-2 的规定。

表 6-2　玻璃隔墙安装的允许偏差和检验方法

项次	项目	允许偏差（mm）		检验方法
		玻璃砖	玻璃板	
1	立面垂直度	3	2	用 2m 垂直检测尺检查
2	表面平整度	3	—	用 2m 靠尺和塞尺检查
3	阴阳角方正	—	2	用直角检测尺检查
4	接缝直线度	—	2	拉 5m 线，不足 5m，拉通线用钢直尺检查
5	接缝高低差	3	2	用钢直尺和塞尺检查
6	接缝宽度	—	1	用钢直尺检查

6.2.4　安全与环保措施

1. 施工机械应符合《建筑机械使用安全技术规程》（JGJ 33—2012）及《施工现场临时用电安全技术规范》（JGJ 46—2005）的有关规定，施工中应定期对其进行检查、维修，保证机械使用安全。

2. 隔断工程的脚手架搭设应符合建筑施工安全标准。脚手架上搭设跳板应用铁丝绑扎固定，不得有探头板。

3. 使用高凳、靠梯时，下脚应绑麻布或垫胶皮，并加拉绳，以防滑溜。不得将梯子靠在门窗扇上。

4. 高空作业安装玻璃时，必须戴安全帽，系安全带，必须把安全带拴在牢固的地方，穿防滑鞋，不得穿短裤和凉鞋。施工操作中，工具要随手放入工具袋内，上下传递材料或工具时不得抛掷。安装上、下玻璃不得同时操作，并应与其他作业错开；玻璃未安装牢固前，不得中途停工，垂直下方禁止通行。

5. 电、气焊作业前应取得动火证，施工作业时，应有防火措施和专人看管。

6. 有噪声的电动工具应在规定的作业时间内施工，防止噪声污染、扰民。

6.3 活动隔墙施工

6.3.1 施工要点

1. 按设计要求选择轨道固定件，安装轨道前要考虑墙面、地面、顶棚的收口做法并方便活动隔墙的安装，通过计算活动隔墙的重量，确定轨道所承受的荷载和预埋件的规格、固定方式。

2. 活动隔墙规格尺寸较大时，隔扇宜采用铝合金或型钢等金属骨架，防止由于尺寸较大引起变形。

3. 有隔声要求的活动隔墙，应将隔扇与轨道、地面、边框以及相邻隔扇之间的缝隙密封严密，起到完全隔声的效果。

4. 活动隔墙轨道一般分悬吊式和支撑式两种，安装轨道时应根据轨道的具体情况，提前安装好滑轮或轨道预留开口。

6.3.2 质量要点

1. 轨道安装应水平顺直，无倾斜变形，轨道及滑轮配件应能满足活动隔扇的重量及其他技术要求。

2. 使用木制隔扇时应确保其木料含水率不大于12%，防止隔墙翘曲变形，并做好防火、防腐处理。

6.3.3 质量验收

1. 主控项目

（1）活动隔墙所用墙板、轨道、配件等材料的品种、规格、性能和人造木板甲醛释放量、燃烧性能应符合设计要求。

（2）活动隔墙轨道应与基体结构连接牢固，并应位置正确。

（3）活动隔墙用于组装、推拉和制动的构配件应安装牢固，并应位置正确，推拉必须安全、平稳、灵活。

（4）活动隔墙的组合方式、安装方式应符合设计要求。

2. 一般项目

（1）活动隔墙表面应色泽一致、平整光滑、洁净，线条应顺直、清晰。

（2）活动隔墙上的孔洞、槽、盒应位置正确，套割吻合，边缘整齐。

（3）活动隔墙推拉应无噪声。

（4）活动隔墙安装的允许偏差和检验方法应符合表6-3的规定。

表 6-3 　活动隔墙安装的允许偏差和检验方法

项次	项目	允许偏差 （mm）	检验方法
1	立面垂直度	3	用 2m 垂直检测尺检查
2	表面平整度	2	用 2m 靠尺和塞尺检查
3	接缝直线度	3	拉 5m 线不足 5m 拉通线用钢直尺检查
4	接缝高低差	2	用钢直尺和塞尺检查
5	接缝宽度	2	用钢直尺检查

6.3.4　安全与环保措施

1. 施工机械应符合《建筑机械使用安全技术规程》（JGJ 33—2012）及《施工现场临时用电安全技术规范》（JGJ 46—2005）的有关规定，施工中应定期对其进行检查、维修，保证机械使用安全。

2. 施工机械设备建立应按时保养、保修、检验制度，应选用高效节能电动机，选用噪声标准较低的施工机械、设备，对机械、设备采取必要的消声、隔振和减振措施。施工现场宜充分利用太阳能。

3. 施工人员应经安全技术交底和安全文明施工教育后才可进入工地施工操作，施工现场应加强安全管理，安排专职安全巡逻员，设置黄沙桶、灭火器等消防设备。施工现场应安排专人洒水、清扫。

4. 电、气焊作业前应取得动火证，施工作业时，应有防火措施和专人看管；工地临时用电线路的架设及脚手架接地、避雷措施等应按现行标准规定执行。施工操作中，工具要随手放入工具袋内，上下传递材料或工具时不得抛掷。

5. 施工现场场界噪声进行检测和记录，噪声排放不得超过国家标准。施工场地的强噪声设备宜设置在远离居民区的一侧，可采取对强噪声设备进行封闭等降低噪声措施。

6. 施工现场应建立封闭式垃圾站，并对建筑垃圾按不可再利用垃圾与可再利用垃圾进行分类存放，对可循环利用的建筑垃圾进行再分类，建立相应的项目部台账。

7. 落地扣件式钢管脚手架搭设应符合《建筑施工扣件式钢管脚手架安全技术规范》（JGJ 130—2011）规定，脚手架作业层上的施工荷载应符合设计要求，不得超载，脚手架的安全检查与维护，应按规定进行，安全网应按有关规定搭设或拆除。

7 饰面板工程

7.1 石材挂贴施工

7.1.1 施工要点

1. 石材表面充分干燥（含水率应小于 8%）后，用石材防护剂对石材六面进行防护处理，必须在无污染的环境下进行，涂刷必须到位，第一遍涂刷完间隔 24h 后用同样的方法涂刷第二遍石材防护剂，如采用水泥或胶粘剂固定，间隔 48h 后对石材粘结面用专用胶泥进行拉毛处理，石材粘结面的拉毛胶泥凝固硬化后方可使用。

2. 安装前先将饰面板按照设计要求用台钻打眼，事先应钉木架使钻头直对板材上端面，在每块板的上、下两个面打眼，孔位打在距板宽的两端 1/4 处，每个面各打两个眼，如板材宽度较大时，可以增加孔数。钻孔后用金钢錾子把石板背面的孔壁轻轻剔一道槽，连通孔壁形成象鼻眼，以备埋卧铜丝之用。打孔部位需补刷石材防护剂。

3. 把备好的铜丝一端用木楔粘环氧树脂将铜丝穿进孔内固定牢固，另一端将铜丝顺孔槽弯曲并卧入槽内，使石板上、下端面没有铜丝突出，以便和相邻石板接缝严密。

4. 安装石材时用木楔子垫稳，块材与基层间的缝隙（即灌浆厚度）一般为 30~50mm，用靠尺板检查调整木楔，再拴紧铜丝，依次向另一方进行，检查垂直、水平、表面平整、阴阳角方正、上口平直，缝隙宽窄一致、均匀顺直，确认符合要求后，把调成粥状的石膏贴在石板上下之间，使这二层石板结成一整体，木楔处亦可粘贴石膏，再用靠尺板检查有无变形，等石膏硬化后方可灌浆（如设计有嵌缝塑料软管者，应在灌浆前塞放好）。

5. 灌浆时将水泥砂浆徐徐倒入，注意不要碰石材，边灌边用橡皮锤轻轻敲击石板面使灌入砂浆排气。第一层浇灌高度为150mm，不能超过石板高度的1/3，如发生石板外移错动，应立即拆除重新安装。等砂浆初凝，此时应检查是否有移动，再进行第二层灌浆，灌浆高度一般为 200～300mm，待初凝后再继续灌浆。

7.1.2 质量要点

1. 施工安装石材时，严格配合比计量，掌握适宜的砂浆稠度，分次灌浆，防止造成石板外移或板面错动，以致出现接缝不平、高低差过大。

2. 施工应待承重结构沉降稳定后进行，并应在顶部和底部留出适当空隙或在板块之间留出一定缝隙，避免因结构沉降变形使饰面板造成折断、开裂。

3. 抗震缝、伸缩缝、沉降缝等部位的处理应保证缝的使用功能和饰面的完整性。

7.1.3 质量验收

1. 主控项目

（1）饰面板（大理石、磨光花岗石）的品种、规格、颜色、图案必须符合设计要求和符合现行标准的规定。

（2）饰面板安装（镶贴）必须牢固，严禁空鼓，无歪斜、缺棱掉角和裂缝等缺陷。

（3）石材的检测必须符合国家有关环保规定。

2. 一般项目

（1）石材表面应平整、洁净，颜色协调一致。

（2）石材接缝应填嵌密实、平直，宽窄一致，颜色一致，阴阳角处板的压向正确，非整板的使用部位适宜。

（3）石材套割应用整板套割吻合，边缘整齐；墙裙、贴脸等上口平顺，突出墙面的厚度一致。

（4）有排水要求的部位应做滴水线（槽），滴水线（槽）应顺直，流水坡向应正确，坡度应符合设计要求。

（5）石材挂贴允许偏差和检验方法应符合表 7-1 的规定。

表 7-1　石材挂贴的允许偏差和检验方法

项次	项目		允许偏差（mm）		检验方法
			大理石	磨光花岗石	
1	立面垂直	室内	2	2	用 2m 托线板和尺量检查
		室外	3	3	
2	表面平整		1	1	用 2m 靠尺和楔形塞尺检查
3	阳角方正		2	2	用 20mm 方尺和楔形塞尺检查
4	接缝平直		2	2	拉 5m 线，不足 5m 拉通线，用尺量检查
5	墙裙上口平直		2	2	拉 5m 线，不足 5m 拉通线，用尺量检查
6	接缝高低		0.3	0.5	用钢板短尺和楔形塞尺检查
7	接缝宽度偏差		0.5	0.5	拉 5m 线和尺量检查

7.1.4　安全与环保措施

1. 施工机械应符合《建筑机械使用安全技术规程》

（JGJ 33—2012）及《施工现场临时用电安全技术规范》（JGJ 46—2005）的有关规定，施工中应定期对其进行检查、维修，保证机械使用安全。

2. 施工机械设备应建立按时保养、保修、检验制度，应选用高效节能电动机，选用噪声标准较低的施工机械、设备，对机械、设备采取必要的消声、隔振和减振措施。

3. 施工人员应经安全技术交底和安全文明施工教育后才可进入工地施工操作，施工现场应加强安全管理，安排专职安全巡逻员，设置黄沙桶、灭火器等消防设备。施工现场应安排专人洒水、清扫。

4. 电、气焊作业前应取得动火证，施工作业时，应有防火措施和专人看管；工地临时用电线路的架设及脚手架接地、避雷措施等应按现行标准规定执行。

5. 施工现场进行剔凿，砖、石材切割作业时，作业面局部应遮挡、掩盖或采取水淋等降尘措施。施工现场生产、生活用水应使用节水型生活用水器具，在水源处应设置明显的节约用水标识。施工现场应充分利用雨水资源，设置沉淀池、废水回收设施。

6. 施工现场应建立封闭式垃圾站，并对建筑垃圾按不可再利用垃圾与可再利用垃圾进行分类存放，对可循环利用的建筑垃圾进行再分类，建立相应的项目部台账。

7. 钢管脚手架在搭设前应编制脚手架专项施工方案，并由项目技术负责人向施工人员和使用人员进行技术交底，其设计计算书与安全措施须经企业技术负责人审批。脚手架搭设人员必须是经过按现行国家标准《特种作业人员安全技术培训考核管理规定》考核合格的专业架子工。

110

7.2 石材干挂施工

7.2.1 施工要点

1. 石材表面充分干燥（含水率应小于 8%）后，用石材防护剂进行石材六面体防护处理，必须在无污染的环境下进行，涂刷必须到位，第一遍涂刷完间隔 24h 后用同样的方法涂刷第二遍，打孔开槽后应补刷石材防护剂。

2. 龙骨的材质、规格、型号、布置间距按设计要求确定，通常采用热镀锌槽钢、角钢或方钢，如连接采用焊接，焊缝应做防腐处理。

3. 石材全部安装完毕且板缝也处理完后，用专用清洁剂对石材表面进行全面清洗。

7.2.2 质量要点

1. 石材表面平整、洁净，拼花正确、纹理清晰通顺，颜色均匀一致；非整砖部位安排适宜、阴阳角处的板压向正确，抗震缝、伸缩缝、沉降缝等部位的处理应保证缝的使用功能和饰面的完整性。

2. 面层与基层应安装牢固，粘贴用料、干挂配件必须符合设计要求和国家现行有关标准的规定。

7.2.3 质量验收

1. 主控项目

（1）石材饰面板的品种、规格、颜色和性能应符合设计要求。

（2）石材饰面板孔、槽的数量、位置和尺寸应符合设计要求。

（3）石材饰面板安装工程的预埋件（或后置埋件）和连

接件的数量、规格、位置、连接方法和防腐处理必须符合设计要求。后置埋件的现场拉拔强度必须符合设计要求。饰面板安装必须牢固。

2. 一般项目

（1）石材饰面板表面应平整、洁净、色泽一致，无裂痕和缺损。石材表面应无返碱等污染。

（2）石材饰面板嵌缝应密实、平直，宽度和深度应符合设计要求，嵌填材料色泽应一致。

（3）石材饰面板上的孔洞应套割吻合，边缘应整齐。

（4）室外石材饰面板安装坡向应正确，滴水线顺直，并应符合设计要求。

（5）干挂石材的允许偏差和检验方法应符合表 7-2 的规定。

表 7-2　干挂石材的允许偏差和检验方法

项次	项目	允许偏差（mm）			检验方法
		光面	剁斧石	蘑菇石	
1	立面垂直度	2	3	3	用 2m 垂直检测尺检查
2	表面平整度	2	3	—	用 2m 靠尺和塞尺检查
3	阴阳角方正	2	4	4	用 200mm 直角检测尺检查
4	接缝直线度	2	4	4	拉 5m 线，不足 5m 拉通线，用钢直尺检查
5	墙裙、勒脚上口直线度	2	3	3	
6	接缝高低差	1	3	—	用钢直尺和塞尺检查
7	接缝宽度	1	2	2	用钢直尺检查

7.2.4 安全与环保措施

1. 施工机械应符合《建筑机械使用安全技术规程》(JGJ 33—2012)及《施工现场临时用电安全技术规范》(JGJ 46—2005)的有关规定，施工中应定期对其进行检查、维修，保证机械使用安全。

2. 施工机械设备应建立定期保养、保修、检验制度，应选用高效节能电动机，选用噪声标准较低的施工机械、设备，对机械、设备采取必要的消声、隔振和减振措施。

3. 施工人员应经安全技术交底和安全文明施工教育后才可进入工地施工操作，施工现场应加强安全管理，安排专职安全巡逻员，设置黄沙桶、灭火器等消防设备。施工现场应安排专人洒水、清扫。

4. 电、气焊作业前应取得动火证，施工作业时，应有防火措施和专人看管；工地临时用电线路的架设及脚手架接地、避雷措施等应按现行标准规定执行。

5. 施工现场进行剔凿，砖、石材切割加工时，作业面局部应遮挡、掩盖或采取水淋等降尘措施。施工现场生产、生活用水应使用节水型生活用水器具，在水源处应设置明显的节约用水标识。施工现场应充分利用雨水资源，设置沉淀池、废水回收设施。

6. 施工现场应建立封闭式垃圾站，并对建筑垃圾按不可再利用垃圾与可再利用垃圾进行分类存放，对可循环利用的建筑垃圾进行再分类，建立相应的项目部台账。

7. 钢管脚手架在搭设前应编制脚手架专项施工方案，并由项目技术负责人向施工人员和使用人员进行技术交底，其设计计算书与安全措施须经企业技术负责人审批。脚手架搭设人员必须是经过按现行国家标准《特种作业人员安全技术培训考核管理规定》考核合格的专业架子工。

7.3 金属饰面板安装施工

7.3.1 施工要点

1. 金属饰面板宜工厂化加工，现场运输时注意不要挤压、碰撞，以免破坏成品金属饰面板。

2. 金属饰面板基层骨架采用金属骨架，均应有防腐涂层，焊接和防腐涂层被破坏的部位应及时涂刷防锈漆。

3. 金属饰面板施工是室外工程，应安装保温层，室内根据设计要求对相应部位进行吸声层安装。

4. 金属饰面板一般以插挂件和龙骨连接，安装完毕后应全面检验固定的牢固性及龙骨整体垂直度、平整度，对于小面积的金属饰面板墙面可采用胶粘法施工。

7.3.2 质量要点

1. 安装骨架连接件时，应做到定位准确、固定牢固，以免引起板面不平整、接缝不齐平等问题。

2. 金属饰面板安装前，操作人员应戴干净手套，防止污染板面和划伤手臂。

7.3.3 质量验收

1. 主控项目

（1）金属板的品种、规格、颜色和性能应符合设计要求及国家现行标准的有关规定。

（2）金属板安装工程的龙骨、连接件的材质、数量、规格、位置、连接方法和防腐处理应符合设计要求。金属板安装应牢固。

（3）外墙金属板的防雷装置应与主体结构防雷装置可靠接通。

2. 一般项目

（1）金属板表面应平整、洁净、色泽一致。

（2）金属板接缝应平直，宽度应符合设计要求。

（3）金属板上的孔洞应套割吻合，边缘应整齐。

（4）金属板安装的允许偏差和检验方法应符合表 7-3 的规定。

表 7-3   金属板安装的允许偏差和检验方法

项次	项目	允许偏差（mm）	检验方法
1	立面垂直度	2	用 2m 垂直检测尺检查
2	表面平整度	3	用 2m 靠尺和塞尺检查
3	阴阳角方正	3	用 200mm 直角检测尺检查
4	接缝直线度	2	拉 5m 线，不足 5m 拉通线，用钢直尺检查
5	墙裙、勒脚上口直线度	2	拉 5m 线，不足 5m 拉通线，用钢直尺检查
6	接缝高低差	1	用钢直尺和塞尺检查
7	接缝宽度	1	用钢直尺检查

7.3.4   安全与环保措施

1. 施工机械应符合《建筑机械使用安全技术规程》（JGJ 33—2012）及《施工现场临时用电安全技术规范》（JGJ 46—2005）的有关规定，施工中应定期对其进行检查、维修，保证机械使用安全。

2. 施工机械设备应建立定期保养、保修、检验制度，应选用高效节能电动机，选用噪声标准较低的施工机械、设备，对机械、设备采取必要的消声、隔振和减振措施。

3. 施工人员应经安全技术交底和安全文明施工教育后才可进入工地施工操作，施工现场应加强安全管理，安排专职安全巡逻员，设置黄沙桶、灭火器等消防设备。施工现场应安排专人洒水、清扫。

4. 电、气焊作业前应取得动火证，施工作业时，应有防火措施和专人看管；工地临时用电线路的架设及脚手架接地、避雷措施等应按现行标准规定执行。

5. 建筑施工的材料采购宜就地取材、就近取材，优先采用施工现场 500km 以内地区生产的建筑建材。

6. 施工现场应建立封闭式垃圾站，并对建筑垃圾按不可再利用垃圾与可再利用垃圾进行分类存放，对可循环利用的建筑垃圾进行再分类，建立相应的项目部台账。

7. 钢管脚手架在搭设前应编制脚手架专项施工方案，并由项目技术负责人向施工人员和使用人员进行技术交底，其设计计算书与安全措施须经企业技术负责人审批。脚手架搭设人员必须是经过按现行国家标准《特种作业人员安全技术培训考核管理规定》考核合格的专业架子工。

7.4 木饰面板安装施工

7.4.1 施工要点

1. 木饰面板宜工厂化加工，现场运输储存时注意不要挤压、碰撞，防止受潮，以免破坏成品木饰面板，必要时用地毯与软物等包住边角。

2. 干挂成品木饰面采用木挂件或金属挂件，挂件要安装牢固，挂件大小规格要与成品木饰面开槽相符合。

3. 木饰面板安装是从底层开始，吊好垂直线，然后依次向上安装。必须对木饰面的颜色、纹路、加工尺寸进行检查，按照排版图木饰面板轻放在挂件上，按线就位后调整准确位置，板材垂直度、平整度、拉线校正调平。

7.4.2 质量要点

1. 木饰面板安装时所有的木质材料均应严格控制含水率，做好防火、防腐处理。

2. 在较潮湿场所或基层墙背后为卫生间、浴室等有水空间时，木饰面板基层墙面应涂刷防水层，防止木饰面板受潮损坏。

3. 若木饰面板上有开关插座等电器元件，其与木饰面板接触处应填嵌防火胶泥。

7.4.3 质量验收

1. 主控项目

（1）木板的品种、规格、颜色和性能应符合设计要求及国家现行标准的有关规定，木龙骨、木饰面板的燃烧性能等级应符合设计要求。

（2）木板安装工程的龙骨，连接件的材质、数量、规格、位置、连接方式和防腐处理应符合设计要求。木板安装应牢固。

2. 一般项目

（1）木板表面应平整、洁净、色泽一致，应无缺损。

（2）木板接缝应平直，宽度应符合设计要求。

（3）木板上的孔洞应套割吻合，边缘应整齐。

（4）木板安装的允许偏差和检验方法应符合表 7-4 的规定。

表 7-4　木板安装的允许偏差和检验方法

项次	项目	允许偏差（mm）	检验方法
1	立面垂直度	2	用 2m 垂直检测尺检查
2	表面平整度	1	用 2m 靠尺和塞尺检查
3	阴阳角方正	2	用 200mm 直角检测尺检查
4	接缝直线度	2	拉 5m 线，不足 5m 拉通线，用钢直尺检查
5	墙裙、勒脚上口直线度	2	拉 5m 线，不足 5m 拉通线，用钢直尺检查
6	接缝高低差	1	用钢直尺和塞尺检查
7	接缝宽度	1	用钢直尺检查

7.4.4　安全与环保措施

1. 施工机械应符合《建筑机械使用安全技术规程》（JGJ 33—2012）及《施工现场临时用电安全技术规范》（JGJ 46—2005）的有关规定，施工中应定期对其进行检查、维修，保证机械使用安全。施工机械设备应建立按时保养、保修、检验制度，应选用高效节能电动机，选用噪声标准较低的施工机械、设备，对机械、设备采取必要的消声、隔振和减振措施。施工现场宜充分利用太阳能。

2. 施工人员应经安全技术交底和安全文明施工教育后才可进入工地施工操作，施工现场应加强安全管理，安排专职安全巡逻员，设置黄沙桶、灭火器等消防设备。施工现场应安排专人洒水、清扫。

3. 施工现场进行剔凿、切割加工时，作业面局部应遮挡、掩盖，操作人员宜戴上口罩、耳塞，防止吸入粉尘和切割噪声，危害人身健康。施工现场场界噪声进行检测和记录，噪声排放不得超过国家标准。施工场地的强噪声设备宜设置在远离居民区的一侧，可采取对强噪声设备进行封闭等降低噪声措施。

4. 木材、刨花等均属易燃品，不得乱堆乱扔，应集中放置在指定地点，临时堆放点应远离火源，有可靠的防火措施，按规定配置消防器材。

5. 建筑施工的材料采购宜就地取材、就近取材，优先采用施工现场 500km 以内地区生产的建筑建材。施工现场禁止吸烟、明火施工，避免引起火灾。

6. 工地临时用电线路的架设及脚手架接地、避雷措施等应按现行标准规定执行。施工操作中，工具要随手放入工具袋内，上下传递材料或工具时不得抛掷。

7. 施工现场应建立封闭式垃圾站，并对建筑垃圾按不可再利用垃圾与可再利用垃圾进行分类存放，对可循环利用的建筑垃圾进行再分类，建立相应的项目部台账。

8 饰面砖工程

8.1 室内湿贴面砖施工

8.1.1 施工要点

1. 基层清理时首先将墙面剔平、凿毛，并用钢丝刷满刷一遍，再浇水湿润或用可掺界面剂胶的水泥砂浆做小拉毛墙，也可刷界面剂，并浇水湿润基层。

2. 可用废面砖贴标准点，用做灰饼的混合砂浆贴在墙面上，用以控制贴面砖的表面平整度。

3. 面砖镶贴前，应选用颜色、规格一致的砖，浸泡砖时，将面砖清扫干净，放入净水中浸泡 2h 以上，取出待表面晾干或擦干净后方可使用。

4. 粘贴面砖时应随抹随自下而上贴面砖，要求砂浆饱满，亏灰时，取下重贴，并随时用靠尺检查平整度，同时保证缝隙宽度一致。

5. 贴完经自检无空鼓、不平、不直后，用棉丝擦干净，用勾缝胶、白水泥或拍干白水泥擦缝，用布将缝的素浆擦匀，砖面擦净。

8.1.2 质量要点

1. 施工时必须做好墙面基层处理，浇水充分湿润。在抹底层灰时，根据不同基体采取分层分遍抹灰方法，并严格配合比计量，掌握适宜的砂浆稠度，按比例加界面剂胶，使各灰层之间粘接牢固。

2. 砂浆的使用温度不得低于5℃，砂浆硬化前，应采取防冻措施。

3. 饰面砖工程的抗震缝、伸缩缝、沉降缝等部位的处理应保证缝的使用功能和饰面的完整性。

8.1.3 质量验收

1. 主控项目

（1）内墙饰面砖的品种、规格、颜色、图案必须符合设计要求和国家现行标准的有关规定。

（2）内墙饰面砖粘贴工程的找平、防水、粘接和填缝材料及施工方法应符合设计要求及国家现行产品标准和工程技术标准的规定。

（3）内墙饰面砖粘贴应牢固。

（4）满粘法施工的内墙饰面砖应无裂缝，大面和阳角应无空鼓。

2. 一般项目

（1）内墙饰面砖表面应平整、洁净、色泽一致、无裂缝和缺损。

（2）内墙面凸出物周围的饰面砖应整砖套割吻合，边缘应整齐。墙裙、贴脸凸出墙面的厚度应一致。

（3）内墙饰面砖接缝应平直、光滑，填嵌应连续、密实；宽度和深度应符合设计要求。

（4）内墙饰面砖粘贴的允许偏差和检验方法应符合表8-1的规定。

表8-1　内墙饰面砖粘贴的允许偏差和检验方法

项次	项目	允许偏差（mm）	检验方法
1	立面垂直度	2	用2m垂直检测尺检查

项次	项目	允许偏差（mm）	检验方法
2	表面平整度	3	用2m靠尺和塞尺检查
3	阴阳角方正	3	用200mm直角检测尺检测
4	接缝直线度	2	拉5m线，不足5m拉通线，用钢直尺检查
5	接缝高低差	1	用钢直尺和塞尺检查
6	接缝宽度	1	用钢直尺检查

8.1.4 安全与环保措施

1. 施工机械应符合《建筑机械使用安全技术规程》(JGJ 33—2012)及《施工现场临时用电安全技术规范》(JGJ 46—2005)的有关规定，施工中应定期对其进行检查、维修，保证机械使用安全。

2. 施工机械设备应建立按时保养、保修、检验制度，应选用高效节能电动机，选用噪声标准较低的施工机械、设备，对机械、设备采取必要的消声、隔振和减振措施。

3. 施工人员应经安全技术交底和安全文明施工教育后才可进入工地施工操作，施工现场应加强安全管理，安排专职安全巡逻员，设置黄沙桶、灭火器等消防设备。施工现场应安排专人洒水、清扫。

4. 电、气焊作业前应取得动火证，施工作业时，应有防火措施和专人看管；工地临时用电线路的架设及脚手架接地、避雷措施等应按现行标准规定执行。施工操作中，工具要随手放入工具袋内，上下传递材料或工具时不得抛掷。

5. 建筑施工的材料采购宜就地取材、就近取材，优先采用施工现场500km以内地区生产的建筑建材。

6. 施工现场进行剔凿，砖、石材切割加工时，作业面

122

局部应遮挡、掩盖或采取水淋等降尘措施。施工现场生产、生活用水应使用节水型生活用水器具，在水源处应设置明显的节约用水标识。施工现场应充分利用雨水资源，设置沉淀池、废水回收设施。

7. 施工现场应建立封闭式垃圾站，并对建筑垃圾按不可再利用垃圾与可再利用垃圾进行分类存放，对可循环利用的建筑垃圾进行再分类，建立相应的项目部台账。

8.2 外墙面砖施工

8.2.1 施工要点

1. 墙面基层应清理干净，预留孔洞等应提前处理完毕，门窗框应事先安装固定好，框边缝所用填嵌材料及密封材料应符合设计要求，并填嵌严实。相关构件或边框等应粘贴好保护膜，做好产品保护。

2. 大面积施工前应先做样板，确定施工工艺和操作要点，并向作业人员做好交底工作。样板应经各相关方共同验收合格，方可大面积施工。

3. 应重视墙面基层处理环节。当基体为混凝土墙面时，应先将凸出墙面的混凝土剔平，对于钢模施工的混凝土墙面应凿毛，并用钢丝刷慢刷一遍，清理干净后用水清洗并湿润；对于光滑混凝土表面，应先将表面污垢、灰尘清扫干净，再用 10% 火碱水冲洗表面油污，随后应用净水将碱水冲净并晾干，然后甩浆毛化，甩点要求均匀，并在终凝后浇水养护。

4. 面砖铺贴应自上而下进行，高层建筑在采取措施后，可分段进行。在每一分段或分块内的面砖，均为自上而下

123

镶贴。

8.2.2 质量要点

1. 施工时，必须做好墙面基层处理，浇水充分湿润，在抹底层灰时，根据不同基体采取分层分遍抹灰方法，并严格配合比计量，掌握适宜的砂浆稠度，按比例加界面剂胶，使各灰层之间粘接牢固。

2. 为了防止灰层早期受冻，并保证操作质量，严禁使用石灰膏和界面剂胶，可采用同体积粉煤灰代替或改用水泥砂浆抹灰。

3. 施工前应认真按照图纸尺寸，核对结构施工的实际情况。同时，分段分块弹线、排砖要细致，非整砖应排在次要部位。

4. 大面积粘贴应考虑设置变形缝，变形缝应切透基层抹灰，并用弹性嵌缝材料填塞严密，防止因温度变化而产生裂缝，使锦砖脱落。

8.2.3 质量验收

1. 主控项目

（1）外墙饰面砖的品种、规格、颜色、图案必须符合设计要求及国家现行标准的有关规定。

（2）找平、防水、粘结和填缝材料及施工方法，应符合设计要求及国家现行标准的有关规定。

（3）外墙饰面砖粘贴工程的伸缩缝设置应符合设计要求。

（4）饰面砖粘贴应牢固。

（5）外墙饰面砖工程应无空鼓、裂缝。

2. 一般项目

（1）外墙饰面砖表面应平整、洁净、色泽一致，应无裂痕和缺损。

(2) 饰面砖外墙阴阳角构造应符合设计要求。

(3) 墙面凸出物周围的套割吻合, 边缘整齐; 墙裙、贴脸等凸出墙面的厚度一致。

(4) 饰面砖接缝应平直、光滑, 填嵌应连续、密实; 宽度和深度应符合设计要求。

(5) 有排水要求的部位应做滴水线 (槽), 滴水线 (槽) 应顺直, 流水坡向应正确, 坡度应符合设计要求。

(6) 外墙饰面砖粘贴的允许偏差和检验方法应符合表 8-2 的规定。

表 8-2 外墙饰面砖粘贴的允许偏差和检验方法

项次	项目	允许偏差 (mm)	检验方法
1	立面垂直度	3	用 2m 垂直检测尺检查
2	表面平整度	4	用 2m 靠尺和塞尺检查
3	阴阳角方正	3	用 200mm 直角检测尺检查
4	接缝直线度	3	拉 5m 线, 不足 5m 拉通线, 用钢直尺检查
5	接缝高低差		用钢直尺和塞尺检查
6	接缝宽度	1	用钢直尺检查

8.2.4 安全与环保措施

1. 施工机械应符合《建筑机械使用安全技术规程》(JGJ 33—2012)及《施工现场临时用电安全技术规范》(JGJ 46—2005)的有关规定, 施工中应定期对其进行检查、维修, 保证机械使用安全。

2. 施工机械设备应建立定期保养、保修、检验制度, 应选用高效节能电动机, 选用噪声标准较低的施工机械、设备，对机械、设备采取必要的消声、隔振和减振措施。

3. 施工人员应经安全技术交底和安全文明施工教育后才可进入工地施工操作，施工现场应加强安全管理，安排专职安全巡逻员，设置黄沙桶、灭火器等消防设备。施工现场应安排专人洒水、清扫。

4. 电、气焊作业前应取得动火证，施工作业时，应有防火措施和专人看管；工地临时用电线路的架设及脚手架接地、避雷措施等应按现行标准规定执行。施工操作中，工具要随手放入工具袋内，上下传递材料或工具时不得抛掷。

5. 建筑施工的材料采购宜就地取材、就近取材，优先采用施工现场 500km 以内地区生产的建筑建材。

6. 施工现场进行剔凿，砖、石材切割加工时，作业面局部应遮挡、掩盖或采取水淋等降尘措施。施工现场生产、生活用水应使用节水型生活用水器具，在水源处应设置明显的节约用水标识。施工现场应充分利用雨水资源，设置沉淀池、废水回收设施。

7. 施工现场应建立封闭式垃圾站，并对建筑垃圾按不可再利用垃圾与可再利用垃圾进行分类存放，对可循环利用的建筑垃圾进行再分类，建立相应的项目部台账。

9 建筑幕墙工程

9.1 玻璃幕墙施工

9.1.1 施工要点

1. 安装幕墙的主体结构，应符合有关结构施工质量验收规范及幕墙安装施工的要求。

2. 进场的幕墙构件及附件的材料品种、规格、色泽和性能，应符合设计要求。

3. 幕墙的安装施工应单独编制施工组织设计，并应包括编制依据、工程概况、施工部署、施工进度计划安排、施工准备与资源配置计划、主要施工方法、施工现场平面布置及主要施工管理计划等基本内容。

4. 幕墙工程的施工测量应符合下列要求：

（1）幕墙分格轴线的测量应与主体结构测量相配合，及时调整、分配、消化测量偏差，不得积累。放线时应进行多次校正；

（2）应定期对幕墙的安装定位基准进行校核；

（3）高层建筑幕墙的测量，应在风力不大于 4 级时进行。

5. 幕墙安装过程中，对幕墙构件或组件的存放、搬运、吊装，以及对安装完成的半成品、成品应采取有效的保护措施。

6. 进行焊接作业时，应对受其影响的幕墙构件采取有效的保护措施。施焊后应对受到焊接影响的部位进行表面防护处理。

9.1.2 质量要点

1. 玻璃安装前应进行清洁。镀膜面应符合设计要求。

2. 明框玻璃幕墙的压板应连续布置，接缝均匀严密。外装饰板表面平整。

3. 密封胶不可在夜晚、雨天打胶，打胶温度应符合设计和胶产品要求。打胶前应保持打胶面清洁、干燥。

4. 密封胶在接缝内应保持两面对面粘接，不应三面粘接。

5. 玻璃插入量应符合幕墙相关标准要求。

6. 全隐或横向隐框玻璃幕墙的托板应符合设计要求。

9.1.3 质量验收

1. 主控项目

（1）玻璃幕墙工程所用材料、构件和组件质量；

（2）玻璃幕墙的造型和立面分格；

（3）玻璃幕墙主体结构上的埋件；

（4）玻璃幕墙连接安装质量；

（5）隐框或半隐框玻璃幕墙托条；

（6）明框玻璃幕墙的玻璃安装质量；

（7）吊挂在主体结构上的全玻璃幕墙吊夹具和玻璃接缝密封；

（8）玻璃幕墙节点、各种变形缝、墙角的连接点；

（9）玻璃幕墙的防火、保温、防潮材料的设置；

（10）玻璃幕墙的防水效果；

（11）金属框架和连接件的防腐处理；

（12）玻璃幕墙开启窗的配件安装质量；

（13）玻璃幕墙防雷。

2. 一般项目

（1）玻璃幕墙表面质量；

（2）玻璃和铝合金型材的表面质量；

（3）明框玻璃幕墙的外露框或压条；

（4）玻璃幕墙拼缝；

（5）玻璃幕墙板缝注胶；

（6）玻璃幕墙隐蔽节点的遮封；

（7）玻璃幕墙安装偏差。

9.1.4　安全与环保措施

1. 玻璃幕墙安装施工除应符合现行行业标准《建筑施工高处作业安全技术规范》（JGJ 80—2016）、《建筑机械使用安全技术规程》（JGJ 33—2012）、《施工现场临时用电安全技术规范》（JGJ 46—2005）的有关规定外，还应遵守施工组织设计中确定的各项要求。

2. 安装施工机具在使用前，应进行全面检查、检修；使用中，应定期进行安全检查。手持电动工具应进行绝缘电压试验；手持玻璃吸盘及玻璃吸盘机应进行吸附重量和吸附持续时间试验。开工前，应进行试运转。

3. 当高层建筑的玻璃幕墙安装与主体结构施工交叉作业时，在主体结构的施工层下方应设置防护设施；在距离地面约 3m 高度处，应设置挑出宽度不小于 6m 的水平防护设施。

4. 采用吊篮施工时，应符合下列要求：

（1）吊篮应进行设计，使用前应进行严格的安全检查，符合要求方可使用；

（2）安装吊篮的场地应平整，并能承受吊篮自重和各种施工荷载的组合设计值；

（3）吊篮用配重与吊篮应可靠连接；

（4）每次使用前应进行空载运转并检查安全锁是否有效。进行安全锁试验时，吊篮离地面高度不得超过 2.0m，并只能进行单侧试验；

（5）施工人员应经过培训，熟练操作施工吊篮；

（6）施工吊篮不应作为竖向运输工具，并不得超载；

（7）不应在空中进行施工吊篮检修和进出吊篮；

（8）施工吊篮上的施工工人必须戴安全帽、系安全带，安全带必须系在保险绳上并与主体结构有效连接；

（9）吊篮上不得放置电焊机，也不得将吊篮和钢丝绳作为焊接地线，收工后，吊篮应降至地面，并切断吊篮电源；

（10）收工后，吊篮及吊篮钢丝绳应固定牢靠，并做好电器防雨、防潮和防尘措施。长期停用，应对钢丝绳采取有效的防锈措施。

5. 采用脚手架施工时，脚手架应经过设计，并应与主体结构可靠连接。当幕墙安装与脚手架的拉结点等构件干涉时，应采取临时可靠固定措施。安装完成后及时恢复原状。

6. 现场焊接作业时，应采取可靠的防火措施。

7. 施工过程中，每完成一道施工工序后，应及时清理施工现场遗留的杂物。施工过程中，不得在窗台、栏杆上放置施工工具。在脚手架和吊篮上施工时，不得随意抛掷物品。

9.2 石材幕墙施工

9.2.1 施工要点

1. 安装幕墙的主体结构，应符合有关结构施工质量验收规范及幕墙安装施工的要求。

2. 石材安装前应在地面按照排版图布置，进行色差检查。

3. 幕墙的安装施工应单独编制施工组织设计，并应包括编制依据、工程概况、施工部署、施工进度计划安排、施工准备与资源配置计划、主要施工方法、施工现场平面布置及主要施工管理计划等基本内容。

4. 幕墙工程的施工测量应符合下列要求：

（1）幕墙分格轴线的测量应与主体结构测量相配合，及时调整、分配、消化测量偏差，不得积累。放线时应进行多次校正；

（2）应定期对幕墙的安装定位基准进行校核；

（3）高层建筑幕墙的测量，应在风力不大于 4 级时进行。

5. 幕墙安装过程中，应及时对墙体保温层进行防护，防止雨淋或大风吹落。

6. 进行焊接作业时，应及时进行焊缝的防腐处理。

7. 挂件与石材连接处，严禁使用云石胶。

8. 开放式幕墙应严格安装图纸做好防水层施工。

9.2.2 质量要点

1. 石材板块加工后应进行表面防护处理。

2. 光面石材厚度不应小于 25mm，毛面石材厚度不应小于 28mm。

3. 石材板块连接部位应无崩坏、暗裂等缺陷。

4. 石材板块的编号应与设计排版图一致，不得有明显的色差。

5. 石材板块开槽后不得有损坏或崩裂现象，槽口应打磨成 45°倒角，槽内应光滑、洁净。

6. 开放式石材幕墙内侧防水层应连续设置，防水板之间应进行搭接处理，上防水板应在外侧，边部 45°折边并打密封胶。

9.2.3 质量验收

1. 主控项目

（1）石材幕墙工程所用材料质量；

（2）石材幕墙的造型、立面分格、颜色、光泽、花纹和图案；

（3）石材孔、槽加工质量；

（4）石材幕墙主体结构上的埋件；

（5）石材幕墙连接安装质量；

（6）金属框架和连接件的防腐处理；

（7）石材幕墙的防雷；

（8）石材幕墙的防火、保温、防潮材料的设置；

（9）变形缝、墙角的连接节点；

（10）石材表面和板缝的处理；

（11）有防水要求的石材幕墙防水效果。

2. 一般项目

（1）石材幕墙表面质量；

（2）石材幕墙的压条安装质量；

（3）石材接缝、阴阳角、凸出线、洞、槽；

（4）石材幕墙板缝注胶；

（5）石材幕墙流水坡向和滴水线；

（6）石材板块的表面质量；

（7）石材幕墙安装偏差。

9.2.4　安全与环保措施

1. 幕墙安装施工除应符合现行行业标准《建筑施工高处作业安全技术规范》(JGJ 80—2016)、《建筑机械使用安全技术规程》(JGJ 33—2012)、《施工现场临时用电安全技术规范》(JGJ 46—2005)的有关规定外，还应遵守施工组织设计中确定的各项要求。

2. 安装施工机具在使用前，应进行全面检查、检修；使用中，应定期进行安全检查。手持电动工具应进行绝缘电压试验。

3. 采用吊篮施工时，应符合下列要求：

（1）吊篮应进行设计，使用前应进行严格的安全检查，符合要求方可使用；

（2）安装吊篮的场地应平整，并能承受吊篮自重和各种施工荷载的组合设计值；

（3）吊篮用配重与吊篮应可靠连接；

（4）每次使用前应进行空载运转并检查安全锁是否有效。进行安全锁试验时，吊篮离地面高度不得超过 2.0m，并只能进行单侧试验；

（5）施工人员应经过培训，熟练操作施工吊篮；

（6）施工吊篮不应作为竖向运输工具，并不得超载；

（7）不应在空中进行施工吊篮检修和进出吊篮；

（8）施工吊篮上的施工工人必须戴安全帽、配系安全带，安全带必须系在保险绳上并与主体结构有效连接；

（9）吊篮上不得放置电焊机，也不得将吊篮和钢丝绳作为焊接地线，收工后，吊篮应降至地面，并切断吊篮电源；

（10）收工后，吊篮及吊篮钢丝绳应固定牢靠，并做好电器防雨、防潮和防尘措施。长期停用，应对钢丝绳采取有效的防锈措施。

4. 采用脚手架施工时，脚手架应经过设计，并应与主体结构可靠连接。当幕墙安装与脚手架的拉结点等构件干涉时，应采取临时可靠固定措施。安装完成后及时恢复原状。

5. 现场焊接作业时，应采取可靠的防火措施。

6. 施工过程中，每完成一道施工工序后，应及时清理施工现场遗留的杂物。施工过程中，不得在窗台、栏杆上放置施工工具。在脚手架和吊篮上施工时，不得随意抛掷物品。

9.3 金属板幕墙施工

9.3.1 施工要点

1. 安装幕墙的主体结构，应符合有关结构施工质量验收规范及幕墙安装施工的要求。

2. 幕墙的安装施工应单独编制施工组织设计，并应包括编制依据、工程概况、施工部署、施工进度计划安排、施工准备与资源配置计划、主要施工方法、施工现场平面布置及主要施工管理计划等基本内容。

3. 幕墙工程的施工测量应符合下列要求：

（1）幕墙分格轴线的测量应与主体结构测量相配合，及时调整、分配、消化测量偏差，不得积累。放线时应进行多次校正；

（2）应定期对幕墙的安装定位基准进行校核；

（3）高层建筑幕墙的测量，应在风力不大于 4 级时进行。

4．幕墙安装过程中，应及时对墙体保温层进行防护，防止雨淋或大风吹落。

5．钢材焊接后应及时按照设计要求进行防腐处理。

6．幕墙支撑结构及面板应保持平整，连接铝角码与钢支撑结构之间应设置隔离垫。

7．开放式、穿孔铝板幕墙内侧的墙体或支撑结构应做好防水、防腐处理。

8．进行焊接作业时，应及时进行焊缝的防腐处理。

9．金属板连接角码的间距应符合设计要求，不得采用自攻钉与支撑结构连接固定。

9.3.2　质量要点

1．金属板折弯加工时，折弯外圆弧半径不应小于板厚的 1.5 倍，当采用开槽折弯时，内侧应采取焊接加强处理；

2．金属板加强筋的固定可采用电栓钉，但应确保铝板外表面不变形、褪色，固定应牢固，且加强筋应与铝板四周折边连接；

3．金属板连接角码与支撑结构的连接孔，宜制成长条形，满足铝板伸缩要求；

4．檐口处的金属板应设有滴水构造，防止污染立面。

9.3.3　质量验收

1．主控项目

（1）金属幕墙工程所用材料和配件质量；

（2）金属幕墙的造型、立面分格、颜色、光泽、花纹和图案；

（3）金属幕墙主体结构上的埋件；

（4）金属幕墙连接安装质量；

（5）金属幕墙的防火、保温、防潮材料的设置；

（6）金属框架和连接件的防腐处理；

（7）金属幕墙的防雷；

（8）变形缝、墙角的连接节点；

（9）金属幕墙的防水效果。

2. 一般项目

（1）金属幕墙表面质量；

（2）金属幕墙的压条安装质量；

（3）金属幕墙板缝注胶；

（4）石材幕墙板缝注胶；

（5）金属幕墙流水坡向和滴水线；

（6）金属板表面质量；

（7）金属幕墙安装偏差。

9.3.4　安全与环保措施

安全与环保措施同 9.2.4。

10 涂饰工程

10.1 水性、溶剂性涂料施工

10.1.1 施工要点

1. 清理基层松散物质、粉末、泥土等，旧漆膜用碱溶液或脱漆剂清除，灰尘污物用湿布擦除，油污等用溶剂或清洁剂去除。

2. 用石膏腻子将墙面、门窗口角等磕碰破损处、麻面、风裂、接槎缝隙等分别找平补好，干燥后用砂纸将凸出处磨平，腻子宜刮两遍。基层若为石膏板面，要事先对自攻螺丝点锈补腻子，板与板之间等缝隙处补填缝腻子，粘贴接缝胶带。

3. 涂刷时每一面墙的顺序应从上而下，从左到右，不得乱涂刷或涂刷过厚、涂刷不均匀等，涂刷以盖底、不流淌、不显刷痕为宜，涂料涂刷遍数宜多不宜少，一般以三到四遍为宜。

10.1.2 质量要点

1. 有水房间墙柱面施工时应采用具有耐水性的腻子。

2. 涂刷前基层一定要充分干燥，含水率不得大于 8%，涂刷时底漆应涂刷均匀，避免封闭不严，防止因基层湿度过大和底漆封闭不严造成涂膜起泡。

3. 涂刷时要严格控制各层的干燥时间和程度，在第一遍漆未干透时不要刷第二遍，防止下层漆中的溶剂挥发造成上层漆膜起皱。

10.1.3 质量验收

1. 主控项目

（1）涂料涂饰工程所选用涂料品种、型号和性能应符合设计要求。

（2）涂料的颜色、光泽、图案应符合设计要求。

（3）涂料涂饰工程应涂饰均匀、粘结牢固、不得漏涂、透底、起皮和反锈。

（4）水性、溶剂性涂料涂饰工程的基层处理应符合：

1）新建筑物的混凝土或抹灰层在涂饰前应涂刷抗碱封闭底漆。

2）旧墙面在涂饰涂料前应清除疏松的旧装修层，并涂刷界面剂。

3）混凝土或抹灰基层涂刷溶剂型涂料时，含水率不得大于8％；涂刷乳液型涂料时，含水率不得大于10％。木材基层不得大于12％。

4）基层腻子应平整、结实、牢固，无粉化、起皮和裂缝，内墙腻子的粘结强度应符合《建筑室内用腻子》（JG/T 298—2010）的规定。

5）厨房、卫生间墙面必须使用耐水腻子。

2. 一般项目

水性、溶剂性涂料工程质量和检验方法见表10-1。

表 10-1　水性、溶剂性涂料工程质量和检验方法

项次	项目	普通涂饰	高级涂饰	检验方法
1	颜色	均匀一致	均匀一致	观察

项次	项目	普通涂饰	高级涂饰	检验方法
2	泛碱、咬色	允许少量轻微	不允许	观察
3	光泽、光滑	光泽基本均匀光滑无挡手感	光泽均匀一致光滑	观察、手摸
4	砂眼、刷纹	允许少量轻微砂眼、刷纹通顺	无砂眼、无刷纹	观察
5	裹棱、流坠、皱皮	明显处不允许	不允许	观察、手摸
6	装饰线、分色线〔直线度允许偏差不大于（mm）〕	2	1	拉5m线（不足5m拉通线，用钢直尺检查）
7	五金、玻璃等	洁净	洁净	观察

10.1.4 安全与环保措施

1. 施工机械应符合《建筑机械使用安全技术规程》(JGJ 33—2012)及《施工现场临时用电安全技术规范》(JGJ 46—2005)的有关规定，施工中应定期对其进行检查、维修，保证机械使用安全。施工机械设备应建立按时保养、保修、检验制度，应选用高效节能电动机，选用噪声标准较低的施工机械、设备，对机械、设备采取必要的消声、隔振和减振措施。施工现场宜充分利用太阳能。

2. 施工人员应经安全技术交底和安全文明施工教育后才可进入工地施工操作，施工现场应加强安全管理，安排专职安全巡逻员，设置黄沙桶、灭火器等消防设备。

3. 施工人员连续作业的时间不宜过长，应间断地离开现场呼吸新鲜空气，高温期间作业应调整作息时间，加强施工现场的通风和降温措施。

4. 现场清扫设专人洒水，不得有扬尘污染，打磨粉尘用潮布擦净，操作工人应佩戴相应的保护设施，如防毒面具、口罩、手套等，以免危害工人肺、皮肤等。施工材料与施工垃圾应及时封闭存放，废料应及时清出室内，施工时，室内应保持良好通风，但不宜过堂风。

5. 顶板高度超过 3m 应设满堂脚手架，跳板下应设安全网。钢管脚手架在搭设前应编制脚手架专项施工方案，并由项目技术负责人向施工人员和使用人员进行技术交底，其设计计算书与安全措施须经企业技术负责人审批。脚手架搭设人员必须是经过按现行国家标准《特种作业人员安全技术培训考核管理规定》考核合格的专业架子工。

6. 溶剂型涂料为易燃材料，应存放在专用危险品仓库中，并安排专人保管，避免阳光直射、高温。危险品仓库应远离易燃物品仓库，并且库房周围 20m 以内禁止堆放易燃物品。

7. 施工现场场界噪声进行检测和记录，噪声排放不得超过国家标准。施工场地的强噪声设备宜设置在远离居民区的一侧，可采取对强噪声设备进行封闭等降低噪声措施。

10.2 美术涂饰施工

10.2.1 施工要点

1. 施工温度应保持均衡，不得突然变化，且通风良好、湿作业已完并具备一定的强度，环境比较干燥。施工时的环境温度不宜低于 10℃，相对湿度不宜大于 60%。

2. 墙面的设备管洞应提前处理完毕，为确保墙面干燥，各种穿墙洞都应提前抹灰补齐，墙面必须干燥，基层含水率控制在 8% 之内。

10.2.2 质量要点

1. 施工过程中应注意将残缺处补齐腻子，砂纸打磨到位，基层腻子应平整、结实、牢固，无粉化、起皮和裂缝，涂饰应刷均匀、粘结牢固，不得漏涂、透底、起皮和反锈。

2. 有水房间墙柱面施工时应采用具有耐水性的腻子，后一遍涂料必须在前一遍涂料干燥后进行。

10.2.3 质量验收

1. 主控项目

（1）美术涂饰工程所用材料的品种、型号和性能应符合设计要求及国家现行标准的有关规定。

（2）美术涂饰工程应涂饰均匀、粘结牢固，不得漏涂、透底、开裂、起皮、掉粉和反锈。

（3）美术涂饰工程的基层处理应符合《建筑装饰装修工程质量验收标准》（GB 50210—2018）12.1.5 的要求。

（4）美术涂饰工程的套色、花纹和图案应符合设计要求。

2. 一般项目

（1）美术涂饰表面应洁净，不得有流坠现象。

（2）仿花纹涂饰的饰面应具有被模仿材料的纹理。

（3）套色涂饰的图案不得移位，纹理和轮廓应清晰。

（4）墙面美术涂饰工程的允许偏差和检验方法应符合表 10-2 的规定。

表 10-2 墙面美术涂饰工程的允许偏差和检验方法

项次	项目	允许偏差（mm）	检验方法
1	立面垂直度	4	用 2m 垂直检测尺检查

项次	项目	允许偏差 (mm)	检验方法
2	表面平整度	4	用 2m 靠尺和塞尺检查
3	阴阳角方正	4	用 200mm 直角检测尺检查
4	装饰线、分色线直线度	2	拉 5m 线，不足 5m 拉通线，用钢直尺检查
5	墙裙、勒脚上口直线度	2	拉 5m 线，不足 5m 拉通线，用钢直尺检查

10.2.4 安全与环保措施

1. 施工机械应符合《建筑机械使用安全技术规程》(JGJ 33—2012)及《施工现场临时用电安全技术规范》(JGJ 46—2005)的有关规定，施工中应定期对其进行检查、维修，保证机械使用安全。施工机械设备应建立按时保养、保修、检验制度，应选用高效节能电动机，选用噪声标准较低的施工机械、设备，对机械、设备采取必要的消声、隔振和减振措施。施工现场宜充分利用太阳能。

2. 施工人员应经安全技术交底和安全文明施工教育后才可进入工地施工操作，施工现场应加强安全管理，安排专职安全巡逻员，设置黄沙桶、灭火器等消防设备。

3. 施工人员连续作业的时间不宜过长，应间断地离开现场呼吸新鲜空气，高温期间作业应调整作息时间，加强施工现场的通风和降温措施。

4. 现场清扫设专人洒水，不得有扬尘污染，打磨粉尘用潮布擦净，操作工人应佩戴相应的保护设施，如防毒面具、口罩、手套等，以免危害工人肺、皮肤等。施工材料与施工垃圾应及时封闭存放，废料应及时清出室内，施工时，室内应保持良好通风，但不宜过堂风。

5. 顶板高度超过 3m 应设满堂脚手架，跳板下应设安全网。钢管脚手架在搭设前应编制脚手架专项施工方案，并由项目技术负责人向施工人员和使用人员进行技术交底，其设计计算书与安全措施须经企业技术负责人审批。脚手架搭设人员必须是经过按现行国家标准《特种作业人员安全技术培训考核管理规定》考核合格的专业架子工。

6. 当涂料原料为易燃材料时，应存放在专用危险品仓库中，并安排专人保管，避免阳光直射、高温。危险品仓库应远离易燃物品仓库，并且库房周围 20m 以内禁止堆放易燃物品。

7. 施工现场场界噪声进行检测和记录，噪声排放不得超过国家标准。施工场地的强噪声设备宜设置在远离居民区的一侧，可采取对强噪声设备进行封闭等降低噪声措施。

11 裱糊与软包工程

11.1 裱糊工程施工

11.1.1 施工要点

1. 先将基层表面的灰浆、粉尘、油污等清理干净，并涂刷抗碱封闭底漆。

2. 抗碱封闭底漆干燥后，刮腻子待干透后用砂纸打平、磨光，裱糊前涂刷封闭底胶。

3. 一般情况下应在壁纸、壁布的背面和墙上进行刷胶，施工时若挤出胶液应用湿毛巾及时擦净。

4. 裱糊施工时，阳角应包角压实，不允许有接缝，阴角应采用顺光搭接，不允许整张裹角铺贴，避免产生空鼓与褶皱。

5. 壁纸、壁布粘贴完成后，检查是否有起泡、粘贴不实、接槎不平顺、翘边等现象，将壁纸、壁布表面的胶痕擦净。

11.1.2 质量要点

1. 应在基层干透，含水率符合要求后再粘贴壁纸、壁布，避免汽化后的水分将壁纸拱起成泡。

2. 裱糊施工时，壁纸、壁布与墙面的刷胶均应到位，并辊压密实，避免干燥后出现翘边、翘缝等现象。

3. 裱糊施工时，墙面遇有开关插座盒时，应在其位置上沿盒子的对角划十字线开洞，注意十字线不得划出盒子范围。

4. 完工后，白天应加强通风，但防止穿堂风劲吹，夜间应关闭门窗，防止潮气侵袭。

11.1.3 质量验收

1. 主控项目

（1）壁纸、墙布的种类、规格、图案、颜色和燃烧性能等级应符合设计要求及国家现行标准的有关规定。

（2）裱糊工程层处理质量应符合《建筑装饰装修工程质量验收标准》（GB 50210—2018）4.2.10 高级抹灰的要求。

（3）裱糊后各幅拼接应横平竖直，拼接处花纹、图案应吻合，应不离缝、不搭接、不显拼缝。

（4）壁纸、墙布应粘贴牢固，不得有漏贴、补贴、脱层、空鼓和翘边。

2. 一般项目

（1）裱糊后的壁纸、墙布表面应平整，不得有波纹起伏、气泡、裂缝、褶皱；表面色泽应一致，不得有斑污，斜视时应无胶痕。

（2）复合压花壁纸和发泡壁纸的压痕或发泡层应无损坏。

（3）壁纸、墙布与装饰线、踢脚板、门窗框的交接处应吻合、严密、顺直。与墙面上电气槽、盒的交接处套割应吻合，不得有缝隙。

（4）壁纸、墙布边缘应平直整齐，不得有纸毛、飞刺。

（5）壁纸、墙布阴角处应顺光搭接，阳角处应无接缝。

（6）裱糊工程的允许偏差和检验方法应符合表 11-1 的规定。

表 11-1　裱糊工程的允许偏差和检验方法

项次	项目	允许偏差（mm）	检验方法
1	表面平整度	3	用 2m 靠尺和塞尺检查
2	立面垂直度	3	用 2m 垂直尺检查
3	阴阳角方正	3	用 200mm 直角检测尺检查

11.1.4　安全与环保措施

1. 施工机械应符合《建筑机械使用安全技术规程》(JGJ 33—2012)及《施工现场临时用电安全技术规范》(JGJ 46—2005)的有关规定，施工中应定期对其进行检查、维修，保证机械使用安全。

2. 施工机械设备应建立按时保养、保修、检验制度，应选用高效节能电动机，选用噪声标准较低的施工机械、设备，对机械、设备采取必要的消声、隔振和减振措施。施工现场宜充分利用太阳能。

3. 施工人员应经安全技术交底和安全文明施工教育后才可进入工地施工操作，施工现场应加强安全管理，安排专职安全巡逻员，设置黄沙桶、灭火器等消防设备。施工现场应安排专人洒水、清扫。

4. 施工人员连续作业的时间不宜过长，应间断地离开现场呼吸新鲜空气，高温期间作业应调整作息时间，加强施工现场的通风和降温措施。

5. 施工现场进行剔凿、切割加工时，作业面局部应遮挡、掩盖或采取水淋等降尘措施。

6. 现场清扫设专人洒水，不得有扬尘污染，打磨粉尘用潮布擦净，操作工人应佩戴相应的保护设施，如防毒面具、口罩、手套等，以免危害工人肺、皮肤等。

7. 施工材料与施工垃圾应及时封闭存放，废料应及时清出室内，施工时，室内应保持良好通风，但不宜过堂风。

11.2 软包工程施工

11.2.1 施工要点

1. 人造革软包，要求基层牢固，构造合理。墙面为抹灰基层或房间较潮湿时，应对墙面进行防潮防水处理。

2. 软包饰面宜工厂化加工，尽量避免现场制作软包饰面，运输储存过程注意避免软包饰面被污染和损坏。

3. 完工后清理接缝、边缘露出的面料纤维，调整、修理接缝不顺直处。

11.2.2 质量要点

1. 严禁在软包工程施工完毕的墙面上剔槽打洞。

2. 若软包饰面板上有开关插座等电器元件，其与软包饰面板接触处应填嵌防火胶泥。

3. 软包施工应仔细操作，软包表面不可留有胶印及钉眼。

4. 胶粘剂质量要满足设计和质量标准的规定，并满足建筑物的防火要求。

11.2.3 质量验收

1. 主控项目

（1）软包工程安装位置及构造做法应符合设计要求。

（2）软包边框木材的材质、花纹、颜色和燃烧性能等级应符合设计要求及国家现行标准的有关规定。

（3）软包衬板材质、品种、规格、吸水率应符合设计要求。面料及内衬材料的品种、规格、颜色、图案及燃烧性能等级应符合国家现行标准的有关规定。

（4）软包工程的龙骨、边框应安装牢固。

（5）软包衬板与基层应连接牢固，无翘曲、变形，拼缝应平直，相邻板面接缝应符合设计要求，横向无错位拼接的分格应保持通缝。

2. 一般项目

（1）单块软包料不应有接缝，四周应绷压严密。需要拼花的，拼接处花纹、图案应吻合。软包饰面上电气槽、盒的开口位置、尺寸应正确，套割应吻合，槽、盒四周应镶硬边。

（2）软包工程的表面应平整、洁净、无污染、无凹凸不平及褶皱；图案应清晰、无色差，整体应协调美观、符合设计要求。

（3）软包工程的边框表面应平整、光滑、顺直，无色差、无钉眼；对缝、拼角应均匀对称、接缝吻合。清漆制品木纹、色泽应协调一致。其表面涂饰质量应符合《建筑装饰装修工程施工质量验收标准》（GB 50210—2018）第 12 章的有关规定。

（4）软包内衬应饱满，边缘应平齐。

（5）软包墙面与装饰线、踢脚板、门窗框的交接处应吻合、严密、顺直。交接（留缝）方式应符合设计要求。

（6）软包工程安装的允许偏差和检验方法应符合表 11-2 的规定。

表 11-2　软包工程安装的允许偏差和检验方法

项次	项目	允许偏差（mm）	检验方法
1	单块软包边框水平度	3	用 1m 水平尺和塞尺检查
2	单块软包边框垂直度	3	用 1m 垂直检测尺检查

项次	项目	允许偏差（mm）	检验方法
3	单块软包对角线长度差	3	从框的裁口里角用钢尺检查
4	单块软包宽度、高度	0，－2	从框的裁口里角用钢尺检查
5	分格条（缝）直线度	3	拉 5m 线，不足 5m 拉通线用钢直尺检查
6	裁口线条结合处高度差	1	用直尺和塞尺检查

11.2.4 安全与环保措施

1. 施工机械应符合《建筑机械使用安全技术规程》(JGJ 33—2012)及《施工现场临时用电安全技术规范》(JGJ 46—2005)的有关规定，施工中应定期对其进行检查、维修，保证机械使用安全。

2. 施工机械设备应建立按时保养、保修、检验制度，应选用高效节能电动机，选用噪声标准较低的施工机械、设备，对机械、设备采取必要的消声、隔振和减振措施。施工现场宜充分利用太阳能。

3. 施工人员应经安全技术交底和安全文明施工教育后才可进入工地施工操作，施工现场应加强安全管理，安排专职安全巡逻员，设置黄沙桶、灭火器等消防设备。施工现场应安排专人洒水、清扫。

4. 施工人员连续作业的时间不宜过长，应间断地离开现场呼吸新鲜空气，高温期间作业应调整作息时间，加强施工现场的通风和降温措施。

5. 施工现场进行剔凿、切割加工时，作业面局部应遮挡、掩盖或采取水淋等降尘措施。

6. 现场清扫设专人洒水，不得有扬尘污染，打磨粉尘用潮布擦净，操作工人应佩戴相应的保护设施，如防毒面具、口罩、手套等，以免危害工人肺、皮肤等。

7. 施工材料与施工垃圾应及时封闭存放，废料应及时清出室内，施工时，室内应保持良好通风，但不宜过堂风。

12 细部工程

12.1 橱柜制作与安装施工

12.1.1 施工要点

1. 橱柜宜工厂化加工，尽量避免现场制作，运输储存过程中注意避免橱柜被污染和损坏。

2. 橱柜安装前先对框架进行校正、套方，在柜体框架安装位置将框架固定件与墙体木砖固定牢固。采用金属框架时，需在安装固定框架的位置预埋铁件，核对准确无误后，对框架进行焊接固定。

12.1.2 质量要点

1. 橱柜安装施工时，一定要保证抹灰面的垂直度与平整度及框架的垂直度、面层的平整度，防止由于抹灰面与框不平，造成贴脸板、压缝条不平。

2. 合页安装时，合页槽应平整、深浅一致，螺钉的拧入深度应符合要求，且不得倾斜，防止造成合页安装不平，螺钉松动，或螺帽不平正。

3. 橱柜露明部位要选用优质木材，作清漆、油饰显露木纹时，应注意同一房间或同一部位选用颜色、木纹近似的相同树种。木材不得有腐朽、节疤、扭曲和劈裂等弊病。

12.1.3 质量验收

1. 主控项目

（1）橱柜制作与安装所用材料的材质、规格、性能、有害物质限量及木材的燃烧性能等级和含水率应符合设计要求及国家现行标准的有关规定。

（2）橱柜安装预埋件或后置埋件的数量、规格、位置应符合设计要求。

（3）橱柜的造型、尺寸、安装位置、制作和固定方法应符合设计要求。橱柜安装应牢固。

（4）橱柜配件的品种、规格应符合设计要求。配件应齐全，安装应牢固。

（5）橱柜的抽屉和柜门应开关灵活、回位正确。

2. 一般项目

（1）橱柜表面应平整、洁净、色泽一致，不得有裂缝、翘曲及损坏。

（2）橱柜裁口应顺直、拼缝应严密。

（3）橱柜安装的允许偏差和检验方法应符合表 12-1 的规定。

表 12-1　橱柜安装的允许偏差和检验方法

项次	项目	允许偏差（mm）	检验方法
1	外形尺寸	3	用钢尺检查
2	立面垂直度	2	用1m垂直检测尺检查
3	门与框架的平行度	2	用钢尺检查

12.1.4 安全与环保措施

1. 施工机械应符合《建筑机械使用安全技术规程》(JGJ 33—2012)及《施工现场临时用电安全技术规范》(JGJ 46—2005)的有关规定，施工中应定期对其进行检查、维修，保证机械使用安全。

2. 施工机械设备应建立定期保养、保修、检验制度，应选用高效节能电动机，选用噪声标准较低的施工机械、设备，对机械、设备采取必要的消声、隔振和减振措施。施工现场宜充分利用太阳能。

3. 施工人员应经安全技术交底和安全文明施工教育后才可进入工地施工操作，施工现场应加强安全管理，安排专职安全巡逻员，设置黄沙桶、灭火器等消防设备。施工现场应安排专人洒水、清扫。

4. 建筑施工使用的材料宜就地取材，宜优先采用施工现场 500km 以内的施工材料。

5. 施工现场进行剔凿、切割加工时，作业面局部应遮挡、掩盖，操作人员宜戴上口罩、耳塞，防止吸入粉尘和切割噪声，危害人身健康。

6. 施工现场场界噪声进行检测和记录，噪声排放不得超过国家现行标准。施工场地的强噪声设备宜设置在远离居民区的一侧，可采取对强噪声设备进行封闭等降低噪声措施。

7. 施工现场应建立封闭式垃圾站，并对建筑垃圾按不可再利用垃圾与可再利用垃圾进行分类存放，对可循环利用的建筑垃圾进行再分类，建立相应的项目部台账。

12.2 窗帘盒制作与安装施工

12.2.1 施工要点

1. 内藏式窗帘盒主要形式是在窗顶部位的吊顶处，做出一条凹槽，在槽内装好窗帘轨，作为含在吊顶内的窗帘盒，与吊顶施工一起做好。

2. 外接式窗帘盒是在吊顶平面上，做出一条贯通墙面长度的遮挡板，在遮挡板内吊顶平面上装好窗帘轨，遮挡板卡采用木框架双包镶，并把底边做封板边处理。遮挡板与顶棚交接线要用棚角线压住，遮挡板可采用射钉固定，也可采用预埋木楔、圆钉固定，或膨胀螺栓固定。

12.2.2 质量要点

1. 材料一般选用无死结、无裂缝和无过大翘曲的干燥木材，含水率不超过 12%。

2. 安装时没有弹线容易使窗帘盒不正、两端高低差和侧向位置安装差超过允许偏差。因此在安装窗帘盒前一定要进行弹线。

3. 窗帘盒两端伸出窗口的长度应一致。否则影响装饰效果。

12.2.3 质量验收

1. 主控项目

（1）窗帘盒制作与安装所使用材料的材质和规格、木材的阻燃性能等级和含水率、人造木板的甲醛含量应符合设计要求及国家现行标准的有关规定。

（2）窗帘盒的造型、规格、尺寸、安装位置和固定方法必须符合设计要求。窗帘盒的安装必须牢固。

（3）窗帘盒配件的品种、规格应符合设计要求，安装应牢固。

2. 一般项目

（1）窗帘盒表面应平整、洁净、线条顺直、接缝严密、纹理一致，不得有裂缝、翘曲及损坏。

（2）橱柜裁口应顺直、拼缝应严密，窗帘盒与墙面、窗框的衔接应严密，密封胶应顺直、光滑。

（3）窗帘盒安装的允许偏差和检验方法应符合表 12-2 规定。

表 12-2 窗帘盒安装的允许偏差和检验方法

项次	项目	允许偏差（mm）	检验方法
1	水平度	2	用 1m 水平尺和塞尺检查
2	上口、下口直线度	3	拉 5m 线，不足 5m 拉通线，用钢直尺检查
3	两端距窗洞口长度差	2	用钢直尺检查
4	两端出墙厚度差	3	用钢直尺检查

12.2.4 安全与环保措施

1. 施工机械应符合《建筑机械使用安全技术规程》(JGJ 33—2012)及《施工现场临时用电安全技术规范》(JGJ 46—2005)的有关规定，施工中应定期对其进行检查、维修，保证机械使用安全。

2. 施工机械设备应建立定期保养、保修、检验制度，应选用高效节能电动机，选用噪声标准较低的施工机械、设备，对机械、设备采取必要的消声、隔振和减振措施。施工现场宜充分利用太阳能。

3. 施工人员应经安全技术交底和安全文明施工教育后才可进入工地施工操作，施工现场应加强安全管理，安排专职安全巡逻员，设置黄沙桶、灭火器等消防设备。施工现场应安排专人洒水、清扫。

4. 易燃材料应存放在专用仓库中，并安排专人保管，并且库房周围 20m 以内禁止堆放易燃物品，施工现场严禁烟火，危险品仓库、施工现场应设有消防水源和配备消防器材。

5. 施工现场进行剔凿、切割加工时，作业面局部应遮挡、掩盖，操作人员宜戴上口罩、耳塞，防止吸入粉尘和切割噪声，危害人身健康。

6. 施工现场场界噪声进行检测和记录，噪声排放不得超过国家现行标准。施工场地的强噪声设备宜设置在远离居民区的一侧，可采取对强噪声设备进行封闭等降低噪声措施。

7. 施工现场应建立封闭式垃圾站，并对建筑垃圾按不可再利用垃圾与可再利用垃圾进行分类存放，对可循环利用的建筑垃圾进行再分类，建立相应的项目部台账。

12.3　窗台板制作与安装施工

12.3.1　施工要点

1. 在同一房间内同标高的窗台板应拉线找平、找齐，使其标高一致，凸出墙面尺寸一致。应注意，窗台板上表面向室内略有倾斜（泛水），坡度约 1％。

2. 如果窗台板的宽度大于 150mm，拼接时，背面应穿暗带，防止翘曲。

3. 窗台板安装时按设计要求找好位置，进行预装，标高、位置、出墙尺寸符合设计要求，接缝平顺严密，固定件无误后，按其构造的固定方式正式固定安装。

12.3.2　质量要点

1. 窗台板施工时先进行预装，尺寸合适并符合要求后再进行固定，防止窗台板未插进窗框下冒头槽内。

2. 窗台板施工时应认真检查板材厚度，做到使用规格相同，防止窗台板拼接不平、不直，厚度不一致。

3. 窗台板制作材料的品种、材质、颜色应按设计选用，木制品应控制含水率在 12％ 以内，并做好防腐处理，不允许有扭曲变形。防腐剂、油漆、钉子等各种小五金必须符合

156

设计要求。

12.3.3 质量验收

1. 主控项目

（1）窗帘板制作与安装所使用材料的材质和规格、木材的燃烧性能等级和含水率、人造板的甲醛含量应符合设计要求及国家现行标准的有关规定。

（2）窗帘板的造型、规格、尺寸、安装位置和固定方法必须符合设计要求，窗帘板的安装必须牢固。

（3）窗帘板配件的品种、规格应符合设计要求，安装应牢固。

2. 一般项目

（1）窗帘板表面应平整、洁净、线条顺直、接缝严密、色泽一致，不得有裂缝、翘曲及损坏。

（2）窗帘板与墙面、窗框的衔接应严密，密封胶应顺直、光滑。

（3）窗台板安装的允许偏差和检验方法应符合表 12-3 规定。

表 12-3　窗台板安装的允许偏差和检验方法

项次	项目	允许偏差（mm）	检验方法
1	水平度	2	用 1m 水平尺和塞尺检查
2	上口、下口直线度	3	拉 5m 线，不足 5m 拉通线，用钢直尺检查
3	两端距窗洞口长度差	2	用钢直尺检查
4	两端出墙厚度差	3	用钢直尺检查

12.3.4 安全与环保措施

1. 施工机械应符合《建筑机械使用安全技术规程》(JGJ

33—2012)及《施工现场临时用电安全技术规范》(JGJ 46—2005)的有关规定，施工中应定期对其进行检查、维修，保证机械使用安全。

2. 施工机械设备应建立定期保养、保修、检验制度，应选用高效节能电动机，选用噪声标准较低的施工机械、设备，对机械、设备采取必要的消声、隔振和减振措施。施工现场宜充分利用太阳能。

3. 施工人员应经安全技术交底和安全文明施工教育后才可进入工地施工操作，施工现场应加强安全管理，安排专职安全巡逻员，设置黄沙桶、灭火器等消防设备。施工现场应安排专人洒水、清扫。

4. 建筑施工使用的材料宜就地取材，宜优先采用施工现场 500km 以内的施工材料。

5. 施工现场进行剔凿、切割加工时，作业面局部应遮挡、掩盖，操作人员宜戴上口罩、耳塞，防止吸入粉尘和切割噪声，危害人身健康。

6. 施工现场场界噪声进行检测和记录，噪声排放不得超过国家现行标准。施工场地的强噪声设备宜设置在远离居民区的一侧，可采取对强噪声设备进行封闭等降低噪声措施。

7. 施工现场应建立封闭式垃圾站，并对建筑垃圾按不可再利用垃圾与可再利用垃圾进行分类存放，对可循环利用的建筑垃圾进行再分类，建立相应的项目部台账。

12.4 木门窗套制作与安装施工

12.4.1 施工要点

1. 根据门窗洞口实际尺寸，先用木方制成木龙骨架。

一般骨架分三片，两侧各一片，每片两根立杆，当筒子板宽度大于 500mm 需要拼缝时，中间适当增加立杆。

2. 木龙骨架直接用圆钉钉成，并将朝外的一面刨光，其他三面涂刷防火剂与防腐剂。

3. 装钉面板应挑选木纹和颜色相近的在同一洞口，同一房间，当采用厚木板时，板背面应做卸力槽，以免板面弯曲，筒子板里侧要装进门、窗框预先做好的凹槽里，外侧要与墙面齐平，割角要严密方正。

12.4.2 质量要点

1. 在安装前，应按弹线对门、窗框安装位置偏差进行纠正和调整，避免由于门、窗框安装偏差造成筒子板上下、左右不对称和宽窄不一致。

2. 在安装门、窗套木线之前，对墙面和底板应进行仔细检查和必要的修补、调整，防止由于墙面和门、窗套底层板不垂面、不平整而造成门、窗套木线安装不垂直、不平整。

3. 严格控制木材含水率，防止因木料含水率大，干燥后收缩造成门、窗套技术线接头、拼缝不平或开裂。

4. 在有水或较潮湿房间的门套下部可由石材或金属替换，防止门套受潮。

12.4.3 质量验收

1. 主控项目

（1）门窗套制作与安装所使用材料的材质、规格、花纹、颜色、性能、有害物质限量及木材的燃烧性能等级和含水率应符合设计要求及国家现行标准的有关规定。

（2）门窗套的造型、尺寸和固定方法应符合设计要求，安装应牢固。

159

2. 一般项目

（1）门窗套表面应平整、洁净、线条顺直、接缝严密、色泽一致，不得有裂缝、翘曲及损坏。

（2）门窗套安装的允许偏差和检验方法应符合表 12-4 规定。

表 12-4 门窗套安装的允许偏差和检验方法

项次	项目	允许偏差（mm）	检验方法
1	正、侧面垂直度	3	用 1m 垂直检测尺检查
2	门窗套上口水平度	1	用 1m 水平检查测尺和塞尺检查
3	门窗套伤口直线度	3	拉 5m 线，不足 5m 拉通线，用钢直尺检查

12.4.4 安全与环保措施

1. 施工机械应符合《建筑机械使用安全技术规程》(JGJ 33—2012)及《施工现场临时用电安全技术规范》(JGJ 46—2005)的有关规定，施工中应定期对其进行检查、维修，保证机械使用安全。

2. 施工机械设备应建立定期保养、保修、检验制度，应选用高效节能电动机，选用噪声标准较低的施工机械、设备，对机械、设备采取必要的消声、隔振和减振措施。施工现场宜充分利用太阳能。

3. 施工人员应经安全技术交底和安全文明施工教育后才可进入工地施工操作，施工现场应加强安全管理，安排专职安全巡逻员，设置黄沙桶、灭火器等消防设备。施工现场应安排专人洒水、清扫。

4. 建筑施工使用的材料宜就地取材，宜优先采用施工现场 500km 以内的施工材料。木门窗套的线条的存放应远离火源，平整地存放在防潮、通风的仓库中，并按施工部位编号、分类存放，防止受潮和变形、翘曲。

5. 施工现场进行剔凿、切割加工时，作业面局部应遮挡、掩盖，操作人员宜戴上口罩、耳塞，防止吸入粉尘和切割噪声，危害人身健康。

6. 施工现场场界噪声进行检测和记录，噪声排放不得超过国家标准。施工场地的强噪声设备宜设置在远离居民区的一侧，可采取对强噪声设备进行封闭等降低噪声措施。

7. 施工现场应建立封闭式垃圾站，并对建筑垃圾按不可再利用垃圾与可再利用垃圾进行分类存放，对可循环利用的建筑垃圾进行再分类，建立相应的项目部台账。

12.5 栏板和扶手制作与安装施工

12.5.1 施工要点

1. 按栏板和栏杆顶面斜度，配好起步弯头，一般木扶手可用扶手料割配弯头，采用割角对缝粘接，在断块割配区段内最少要考虑用三个螺钉与支撑固定件连接固定，大于70mm 断面的扶手接头配置时，除粘接外，还应在下面做暗榫或用铁件结合。

2. 扶手两端的固定点应是不发生变形的牢固部位，如墙体、柱体或金属附加柱体等。对于墙体或结构柱体，可预先在主体结构上埋设铁件，然后将扶手与预埋件焊接或用螺栓连接。

3. 将已刷防锈漆的玻璃下口卡槽钢构件焊于地面埋件上，注意控制卡槽上沿标高，应采用先两端后中间的顺序焊接。

4. 玻璃安装前先检查立柱和底座的玻璃槽内不能有影响安装玻璃的硬物，在玻璃卡槽内放置橡胶垫块，玻璃入槽后两面缝隙用橡胶条填塞密实并注入硅酮胶系列密封胶。

12.5.2 质量要点

1. 扶手安装完后，要对扶手表面进行保护。当扶手较长时，要考虑扶手侧向弯曲，在适当的部位加设临时立柱，缩短其长度，减少变形。

2. 安装玻璃前，应检查玻璃板的周边有无缺口边，若有，应用磨角机或砂轮打磨，玻璃宜采用钢化夹胶玻璃。

3. 木制扶手应控制好原材料的含水率，扶手底部开槽深度要一致，护栏顶端的固定扁铁要平整、顺直，防止木扶手接槎不平整。

4. 玻璃栏板底座土建施工时，注意固定件的埋设应符合设计要求，需要立柱时应确定立柱的位置。

5. 扶手的高度应严格按照规范和设计要求设置。

12.5.3 质量验收

1. 主控项目

（1）护栏和扶手制作与安装所使用的材质、规格、数量和木材、塑料的燃烧性能等级应符合设计要求。

（2）护栏和扶手的造型、尺寸及安装位置应符合设计要求。

（3）护栏和扶手安装预埋件的数量、规格、位置以及护栏与预埋件的连接节点应符合设计要求。

（4）护栏高度、栏杆间距、安装位置应符合设计要求。护栏安装应牢固。

（5）栏板玻璃的使用应符合设计要求和行业现行标准

《建筑玻璃应用技术规程》(JGJ 113—2015)的规定。

2. 一般项目

(1) 护栏和扶手转角弧度应符合设计要求,接缝应严密,表面应光滑,色泽应一致,不得有裂缝、翘曲及损坏。

(2) 护栏和扶手安装的允许偏差和检验方法应符合表 12-5 的规定。

表 12-5 护栏和扶手安装的允许偏差和检验方法

项次	项目	允许偏差(mm)	检验方法
1	护栏垂直度	3	用 1m 垂直检测尺检查
2	栏杆间距	0,-6	用钢尺检查
3	扶手直线度	4	拉通线,用钢直尺检查
4	扶手高度	+6,0	用钢尺检查

12.5.4 安全与环保措施

1. 施工机械应符合《建筑机械使用安全技术规程》(JGJ 33—2012)及《施工现场临时用电安全技术规范》(JGJ 46—2005)的有关规定,施工中应定期对其进行检查、维修,保证机械使用安全。

2. 施工机械设备应建立定期保养、保修、检验制度,应选用高效节能电动机,选用噪声标准较低的施工机械、设备,对机械、设备采取必要的消声、隔振和减振措施。施工现场宜充分利用太阳能。

3. 施工人员应经安全技术交底和安全文明施工教育后才可进入工地施工操作,施工现场应加强安全管理,安排专职安全巡逻员,设置黄沙桶、灭火器等消防设备。施工现场应安排专人洒水、清扫。

4. 建筑施工使用的材料宜就地取材,宜优先采用施工现场500km以内的施工材料。木制扶手的存放应远离火源，平整地存放在防潮、通风的仓库中，并按施工部位编号、分类存放，防止受潮和变形、翘曲。

5. 施工现场进行剔凿、切割加工时，作业面局部应遮挡、掩盖，操作人员宜戴上口罩、耳塞，防止吸入粉尘和切割噪声，危害人身健康。

6. 施工现场场界噪声进行检测和记录，噪声排放不得超过国家标准。施工场地的强噪声设备宜设置在远离居民区的一侧，可采取对强噪声设备进行封闭等降低噪声措施。

7. 施工现场应建立封闭式垃圾站，并对建筑垃圾按不可再利用垃圾与可再利用垃圾进行分类存放，对可循环利用的建筑垃圾进行再分类，建立相应的项目部台账。

12.6 花饰制作与安装施工

12.6.1 施工要点

1. 花饰安装前应将基层或基体清理干净，处理平整，对重型花饰，在安装前应检查预埋件或木砖的位置和固定情况是否符合设计要求，必要时做抗拉试验。

2. 轻型花饰一般采用粘贴法安装，粘贴材料根据花饰材料的品种选用，较重的大型花饰采用螺丝固定法安装，质量大、大体型花饰采用螺栓固定法安装，大、重型金属花饰采用焊接固定法安装。

12.6.2 质量要点

1. 木、竹花饰制作前应认真选料，并预先进行干燥、防虫、防腐等处理。

2. 花饰安装前必须对基层表面的平整度，垂直度进行复查，发现问题及时处理，并应注意弹线和花饰拼装的精度，避免花饰安装尺寸偏差较大。

3. 花饰连接的眼、槽要方正，不偏不斜；拼装时应仔细进行校正调直；运输过程中注意保护，避免花饰线条在接缝处不顺畅。

12.6.3 质量验收

1. 主控项目

（1）花饰制作与安装所使用材料的材质、规格、性能、有害物质限量及木材的燃烧性能等级和含水率应符合设计要求及国家现行标准的有关规定。

（2）花饰的造型、尺寸应符合设计要求。

（3）花饰的安装位置和固定方法应符合设计要求，安装应牢固。

2. 一般项目

（1）花饰表面应洁净，接缝应严密吻合，不得有歪斜、裂缝、翘曲及损坏。

（2）花饰安装的允许偏差和检验方法应符合表 12-6 的规定。

表 12-6　花饰安装的允许偏差和检验方法

项次	项目		允许偏差（mm）		检验方法
			室内	室外	
1	条形花饰的水平度或垂直度	每米	1	3	拉线和用 1mm 垂直检测尺检查
		全长	3	6	
2	单独花饰中心位置偏移		10	15	拉线和用钢直尺检查

12.6.4 安全与环保措施

1.施工机械应符合《建筑机械使用安全技术规程》（JGJ 33—2012）及《施工现场临时用电安全技术规范》（JGJ 46—2005）的有关规定，施工中应定期对其进行检查、维修，保证机械使用安全。

2.施工机械设备应建立定期保养、保修、检验制度，应选用高效节能电动机，选用噪声标准较低的施工机械、设备，对机械、设备采取必要的消声、隔振和减振措施。施工现场宜充分利用太阳能。

3.施工人员应经安全技术交底和安全文明施工教育后才可进入工地施工操作，施工现场应加强安全管理，安排专职安全巡逻员，设置黄沙桶、灭火器等消防设备。施工现场应安排专人洒水、清扫。

4.建筑施工使用的材料宜就地取材，宜优先采用施工现场 500km 以内的施工材料。花饰制品的存放应远离火源，平整地存放在防潮、通风的仓库中，并按施工部位编号、分类存放，防止受潮和变形、翘曲。

5.施工现场进行剔凿、切割加工时，作业面局部应遮挡、掩盖，操作人员宜戴上口罩、耳塞，防止吸入粉尘和切割噪声，危害人身健康。

6.施工现场场界噪声进行检测和记录，噪声排放不得超过国家现行标准。施工场地的强噪声设备宜设置在远离居民区的一侧，可采取对强噪声设备进行封闭等降低噪声措施。

7.施工现场应建立封闭式垃圾站，并对建筑垃圾按不可再利用垃圾与可再利用垃圾进行分类存放，对可循环利用的建筑垃圾进行再分类，建立相应的项目部台账。

参考文献

[1] 中华人民共和国住房和城乡建设部．建筑工程施工质量验收统一标准：GB 50300—2013［S］．北京：中国建筑工业出版社，2013.

[2] 中华人民共和国住房和城乡建设部．建筑地面工程施工质量验收规范：GB 50209—2010［S］．北京：中国计划出版社，2010.

[3] 中华人民共和国住房和城乡建设部．建筑地面设计规范：GB 50037—2013［S］．北京：中国计划出版社，2013.

[4] 中华人民共和国住房和城乡建设部．建筑装饰装修工程质量验收标准：GB 50210—2018［S］．北京：中国建筑工业出版社，2018.

[5] 中华人民共和国住房和城乡建设部．建筑防腐蚀工程施工规范：GB 50212—2014［S］．北京：中国计划出版社，2014.

[6] 中华人民共和国住房和城乡建设部，中华人民共和国国家质量监督检验检疫总局．木结构工程施工质量验收规范：GB 50206—2012［S］．北京：中国建筑工业出版社，2012.

[7] 中华人民共和国住房和城乡建设部，中华人民共和国国家质量监督检验检疫总局．民用建筑工程室内环境污染控制规范（2013年版）：GB 50325—2010［S］．北京：中国计划出版社，2013.

[8] 中华人民共和国住房和城乡建设部．建筑内部装修设计防火规范：GB 50222—2017［S］．北京：中国计划出版社，2017.

[9] 中华人民共和国住房和城乡建设部．建筑设计防火规范（2018年版）：GB 50016—2014［S］．北京：中国计划出版社，2018.

[10] 中华人民共和国建设部．玻璃幕墙工程技术规范：JGJ 102—

2003[S]. 北京：中国建筑工业出版社，2003.

[11] 中华人民共和国建设部．金属与石材幕墙工程技术规范：JGJ 133—2001[S]. 北京：中国建筑工业出版社，2001.

[12] 中华人民共和国住房和城乡建设部．人造板材幕墙工程技术规范：JGJ 336—2016[S]. 北京：中国建筑工业出版社，2016.

[13] 中华人民共和国住房和城乡建设部．建筑玻璃应用技术规程：JGJ 113—2015[S]. 北京：中国建筑工业出版社，2015.

[14] 中华人民共和国住房和城乡建设部．外墙饰面砖工程施工及验收规程：JGJ 126—2015[S]．北京：中国建筑工业出版社，2015.

[15] 中华人民共和国住房和城乡建设部．建筑电气工程施工质量验收规范：GB 50303—2015[S]．北京：中国建筑工业出版社，2015.

[16] 中华人民共和国住房和城乡建设部．建筑涂饰工程施工及验收规程：JGJ/T 29—2015[S]．北京：中国建筑工业出版社，2015.

[17] 中华人民共和国住房和城乡建设部．建筑机械使用安全技术规程：JGJ 33—2012[S]. 北京：中国建筑工业出版社，2012.

[18] 中华人民共和国建设部．施工现场临时用电安全技术规范：JGJ 46—2005[S]. 北京：中国建筑工业出版社，2005.